省時簡單！選好食材、
免高湯、少添加調味料，
身體無負擔享用元氣湯品和宵夜

給考生的加油湯

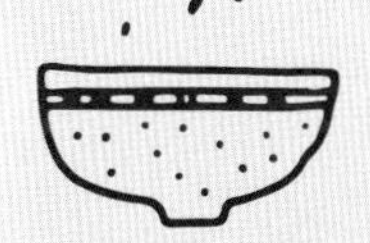

暖心媽咪
連玉瑩著

大考前晚自習、補課後一碗湯，
用料理關心考生，暖胃、暖心又吃得飽

朱雀文化

推薦序｜愛的陪伴勝於一切

在教育界已是近三十個年頭，不論是在國中或高中的教學環境，每當大考來臨，都可以感受到考生們身心上的壓力。家長們由於望子成龍、望女成鳳，也往往會跟著慌張，面對孩子還未知的未來，感到焦慮不安。

很多家長開始詢問老師關於孩子的上課情形、上網路社群諮詢相關考試制度、督促孩子的讀書進度、緊盯著模擬考的成績……殊不知，這樣的焦急，無形中也在孩子的心中加深壓力。

幾年前，玉瑩的第一個孩子即將考高中，某天，忽然從她的臉書上發現一則po文，內容是一道湯品。接下來，每一天的晚上，她都po出一道湯品，每晚都不一樣。原來，是為了將上考場的大兒子而準備。再後來我們聊過之後，才明白她的用意。她覺得這個階段是孩子將面臨的人生第一次大考驗，如果一味關心成績，容易造成親子間的衝突。不如把這份關愛改變方式，讓已疲憊一天、晚歸的孩子，回到家有碗熱騰騰的湯可以喝。不見得需要補湯，只要是家常的一碗湯，就能讓孩子們感受到滿滿的愛。慢慢地，孩子感到有著最堅強的後盾，在最後倒數階段，常能衝出一片天。隔年，玉瑩的第二個孩子也將上考場，考前，她也為了小兒子，每晚端出湯。

認識玉瑩已經近三十年，一直以來，看著她在孩子的教育上，總是扮演著陪伴的角色，所以親子關係融洽，兩個大男孩也都懂事貼心，在學業上成績優秀，在運動方面也有著優異的表現。

一個孩子的養成，愛的陪伴往往勝於一切。很開心看到玉瑩出版這本湯品，就像我認識的她，相信她希望這會是拋磚引玉，用這樣的方式，告訴大家如何陪著孩子走過這一段艱辛的路。

新北市立新北高中校長　柯雅菱

推薦序 | # 愛，從美食開始

認識玉瑩是因為我和她先生是軍中同袍，我們這一群當時都有女朋友，退伍後，時常相約攜伴輪流到某位同梯家中聚餐。一開始，都是由作東的同梯負責，再到後來，不論約在誰家，幾乎都由玉瑩一手包辦我們一行約十人的餐點。

後來他們結婚生子，玉瑩更進化成為專業好媳婦，可以替口味不同的家人每天變出餐點，這在現代幾乎是不太可能的事情……

我常跟玉瑩討論年節祭祀的事情，因為台北地方的拜拜習俗與澎湖不同，要怎麼做到讓祖先與父母放心，從小在澎湖長大的我，需要有個可以討論拜拜方法的人。所有台北同年齡朋友之間，還會負責照古代習俗拜拜的，真的少之又少了。如今，她要分享出她為兩個心愛兒子的考前宵夜湯品，實在是太棒的一件事。不過，我倒是覺得一般的媽媽難以模仿……在孩子大考前一兩個月，要每天晚上煮一份小食或湯品，用食物來溫暖鼓勵孩子，在富胖達與吳柏毅充斥的年代，真的不可思議。

不只是煮出美食，而是不需言語，實實在在用碗盤中的媽媽手藝，傳達出對兒子的溫暖。而且，她對孩子同班級同球隊的同學，也都一同關照，考試前都會拿到她的手作粽子香包或是金榜題名小粽。

玉瑩個子不高，心胸卻很寬大，愛心普照眾人，連我們這些周邊朋友都受她照顧。我對她只有敬佩，也請大家不只是欣賞學習食譜，而是觀察文字與烹調中對孩子無盡的愛。

財團法人海洋公民基金會 董事長

台北仁愛扶輪社 前社長　胡昭安

作者序

複製著父母對我的愛，再傳承給下一代

每到會考、學測或指考前，總會看見有家長憂心地在社群上詢問：「孩子們在學校讀了一整天的書，晚上回家，可以準備什麼給他們吃？」不禁讓我想起曾在孩子大考前，堅持著天天為他們端出一道湯的日子。

那段時光的那些湯餚，並非都是補湯，有時甚至只是很簡單的一碗蛋花湯，因為我的著眼點在於「愛的陪伴」，而湯品是在深夜進食較不易有負擔的選擇。面對正處於青春期，又即將參與人生第一場戰役的孩子，我常回想當年的自己最想要的是什麼？我發現記憶中除了考不完的試、讀不完的書、排山倒海而來的壓力，印象最深刻的，就是每晚參加晚自習回到家，都有熱騰騰的餐點可以吃，那是一天之中最能溫暖我的時刻。從小，媽媽親自幫我送便當、成長期又常燉補湯給我喝……對我而言，這都是最有愛的養分。所以，在孩子出生後，我也踏著同樣的腳步，親手為孩子做副食品、親自送便當、為因晚自習而晚歸的孩子準備湯品……

我始終相信，和孩子們當朋友、陪伴他們，會帶來最有效益的結果。一路以來，我也常換位思考，想著自己在他們這個年紀是怎樣的心態？同理之後，就能和他們對等相處，久而久之，親子關係自然不易有衝突。

在考前一兩個月，最後倒數衝刺時刻，天天煮一道湯，曾有朋友說太難了，但是想一想，孩子們都能夠為了自己的未來努力著，我們為了親愛的孩子，應該也做得到啊！但我也知道，每天三餐的那一道湯，常是最難的，因為常會不知道該煮什麼湯才好。趁著這次機會，把當年那些煮過的湯品做個整理，希望能成為一個開端，供考生家長們參考。如果您不常下廚，這些湯品食譜能讓您輕鬆上手；如果您擅於廚藝，更相信您一定能觸類旁通，變化出更多道美味湯品。

連玉瑩

烹調前的小建議

由於做菜一向隨興，料理方式追求簡易、方便，
所以書中的食材與調味料用量不太有明確標示。
在此稍微說明，希望讀者們在開始烹調前閱讀後，更輕鬆煮出每一碗湯。

1. 關於調味料

每個人、每個家庭的口味都不同，我習慣先加入少少的1/3小匙、1/2小匙，試試味道，不夠再繼續加，就無須擔心添加過多或不夠。因此，本書中的調味料用量幾乎都會用「適量」表示。如果是「少許」，則代表只需要一點點，如果不喜歡，也可以不加。

2. 關於料理時間

湯品的製作，大多是將食材煮熟就好。如果是雞腿、牛羊肉等，可以用一根筷子刺入，取出後只要沒血水流出，就表示熟了；如果是薄肉片，只要肉變色就熟。

3. 關於食材

和調味料一樣，食材的用量也隨個人喜愛，或以當天肚子餓的程度做增減，不用完全依據書中標示。為了讓湯品照片的視覺效果較多彩，書中食譜有時會添加蔥、蒜、香菜、油蔥、辣椒等等配料，可以根據孩子的飲食愛好增刪。

4. 關於水量

湯類料理，水分佔了極大比例。水太多、太少，會影響口感，但是，也有人偏愛多喝湯，有人較愛多吃料。原則上，書中湯品的水量添加都以能蓋過食材為主，再視個人喜好適度增減即可。

5. 關於份量

書中食譜的食材都以1人份為主，如果要製作更多人數的份量，簡單乘以倍數即可。

CONTENTS 目錄

PART 2 三十分鐘就搞定

CONTENTS

PART 3 花點時間慢慢煮

PART 4 肚子餓時吃這個

PART 1 十分鐘馬上做好

沒時間或是少有機會下廚的您，不妨試著從這裡著手。能夠輕鬆取得的食材、可以迅速完成的湯品，陪伴考生的第一步，從這裡開始！

紫菜蛋花湯

材料 1人份

- 野生紫菜適量
- 蛋1顆
- 小魚乾適量
- 蔥花適量
- 調味料

  柴魚精適量

  鹽適量

  油蔥少許

做法

① 取一碗，將蛋打散成蛋液備用。

② 鍋中加油，先放入小魚乾，以中小火炒香，再加入適量的水。等水滾後，用手將紫菜剝成小片，加進水裡。

③ 加鹽、柴魚精調味，打入蛋液成蛋花。

④ 撒上蔥花和油蔥即可。

烹調祕訣

打蛋花時，要將碗高高舉起，讓蛋液輕輕落進湯裡，同時，另一手拿著湯勺或筷子，輕輕且快速攪動湯面，打出來的蛋花才會細緻。

蕃茄凍豆腐湯

材料 1人份

- 蕃茄1/2顆
- 凍豆腐1/2塊
- 小白菜1小把
- 豬排骨2塊
- 調味料
  柴魚精適量
  鹽適量

做法

① 蕃茄洗淨，切去蒂頭，切大塊；凍豆腐洗淨；小白菜切去根部，洗淨，切段；豬排骨用一鍋滾水汆燙過，洗淨瀝乾備用。

② 取一湯鍋，加點油，放入蕃茄炒至冒出香氣，再加入適量的水。等水滾，放入豬排骨和凍豆腐，再滾後轉中小火熬煮至排骨熟了。加進小白菜煮熟，最後加點柴魚精、鹽調味即可。

烹調祕訣

凍豆腐也可以自己做。將買回來的傳統板豆腐洗淨，切成適量大小的塊狀，整齊排放進盒子或袋中，再置於冷凍庫，結凍後退冰，就是凍豆腐了。

蕃茄豆腐
青菜蛋花湯

材料 1人份

- 小白菜1小把
- 蕃茄1/2顆
- 嫩豆腐1盒
- 蛋1顆
- 調味料
  柴魚精適量
  鹽適量

做法

①小白菜切去根部，洗淨，切段；蕃茄洗淨，切去蒂頭，切成大塊；豆腐洗淨，切小塊；蛋打散備用。

②取一湯鍋，加點油，加入蕃茄炒至冒出香氣，再倒入適量的水，先以中大火將水煮滾，再轉中小火熬至出味，續入豆腐稍煮一會兒。

③最後加進小白菜，將蛋液打散成蛋花，並加鹽、柴魚精調味即可。

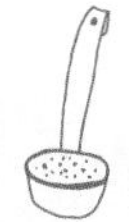

烹調祕訣

❶嫩豆腐不要煮過久，除了可以維持外觀，也比較嫩口。

❷煮湯時，不見得都要用豬骨或雞骨熬煮。使用清水，再加上各種食材去煮，吃起來身體比較沒負擔。

紅、白、綠、黃，
一碗湯裡有各種顏色，視覺滿分。

蕃茄高麗菜山藥湯

材 料　1人份

- 蕃茄1/2顆
- 山藥1小塊
- 高麗菜2～3葉
- 調味料
  鹽適量
  柴魚精適量

做 法

① 蕃茄洗淨，去蒂頭，切成大塊；山藥去皮，洗淨後切薄片；高麗菜洗淨，用手剝成適口片狀。

② 取一湯鍋，先加點油，放入蕃茄炒至冒出香氣，倒入適量的水，以中大火煮滾。

③ 加入高麗菜，等再次煮滾後轉中小火，熬煮至蕃茄、高麗菜都熟軟。

④ 加鹽、柴魚精調味，並加入山藥，改轉中火煮至滾，立刻關火。

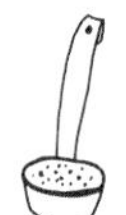

烹調祕訣

山藥可以生吃，不需久煮，尤其是已經切成薄片。喜愛吃爽脆口感的，加入山藥後水一滾即可關火；喜愛吃鬆軟口感的，可以稍微熬煮一下。

料理二三事

當年孩子剛開始吃副食品時，我選擇自己煮粥，再以攪拌機打勻。每一次，都會使用一種主菜，雞、豬、牛、魚……任選，再另外搭配兩種蔬菜。我總是把孩子當成一張白紙，相信只要我給什麼，他們都會接受。因此，很多大人口中所說孩子不會喜歡吃的食物，例如：茄子、蘆筍、苦瓜……都曾被我加入副食品中，而他們也的確如我預料，乖乖吃下肚。我好像做實驗般，不停從不同食材變化，去找出他們最愛的口味。後來發現，只要端出蕃茄、高麗菜，不論加上的是豬肉還是牛肉，那一餐總是迅速吃光。於是，蕃茄加高麗菜的組合，之後也常在家中的湯品中出現了。

山藥為蕃茄加高麗菜的基本組合，
添加了口感與營養。

湯裡加點麻油，
考生的手腳暖了，心也暖了。

麻油蛋包湯

材料 1人份

- 蛋1～2顆
- 薑2片
- 蔥1支
- 黑麻油少許
- 油蔥適量
- 調味料
  鹽適量
  米酒少許

做法

① 蔥切去根部，洗淨，切成蔥花。

② 煮一鍋水，等水滾後轉小火，將蛋輕輕打入，不要攪動。等蛋包成型，用湯勺緩緩撈出，備用。

③ 另取一湯鍋，倒入黑麻油，放入薑片，以中小火慢慢炒出香氣且薑片微呈焦黃，再倒進適量的水，轉中大火煮滾，關火。

④ 取一湯碗，放入一點鹽和做法② 的蛋包，舀入適量的做法③ ，並淋上米酒，撒上蔥花和油蔥即可。

烹調祕訣

❶ 先另外將蛋包煮好備用，才不會因為一鍋到底，而在煮蛋包時破壞了湯的清澈。此外，烹調蛋類料理時，我習慣拿一個碗，先將蛋打進碗裡，確保蛋沒有壞掉，才加進鍋中煮，以免壞掉的蛋會壞了一整鍋的料理。

❷ 以黑麻油爆炒薑片時，切記火候不能太大，薑片容易焦黑，會有苦味。

料理二三事

還記得生完弟弟坐月子時，常有麻油料理可以吃，當時才一歲多一點的哥哥居然也會跟著喝上幾口麻油湯，或是挑些枸杞吃，從小就對用麻油煮的湯品不排斥。於是，準備為考生暖胃的湯品時，麻油湯就成了我的其中一個選項。有時候孩子晚自習回到家，可能因為晚餐吃得比較飽，吃不下太多，或是媽媽當晚太忙太累，沒時間好好煮湯，蛋包湯就容易是當晚端出來的湯品。有時候天氣稍涼，就會將蛋包湯做個變化，加些黑麻油，煮成麻油蛋包湯，喝了之後不但暖胃，全身也都跟著暖和起來了。

蛤蜊味噌湯

材料 1人份

- 蛤蜊6～7顆
- 蔥1支
- 調味料
  味噌適量
  砂糖少許

做法

① 將蛤蜊放入盆中，加一點鹽，先用手輕輕搓蛤蜊殼，抓洗掉殼上的髒污，再用水洗淨，瀝乾；蔥切去根部，洗淨，切成蔥花。

② 取一湯鍋，倒入適量的水，先以中大火將水煮滾，再轉中火，放入蛤蜊。

③ 取一小碗，將味噌放入，並舀取一點做法②的湯汁，攪勻後倒回做法②中，加些砂糖攪勻。

④ 等蛤蜊殼開，立刻關火，並撒上蔥花即可。

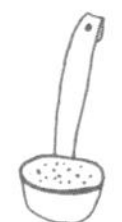

烹調祕訣

❶ 煮味噌料理時加點砂糖，才不會太澀。

❷ 蛤蜊不宜煮太久，因此混合味噌和湯汁的速度要儘量快。

酸菜魚湯

材料 1人份

- 白肉魚片2～3片
- 酸菜1片
- 剝皮辣椒1條
- 蒜頭2瓣
- 香菜適量
- 調味料

  柴魚精適量

  醬油適量

  鹽適量

做法

① 酸菜洗淨，用手擰乾，切小段；剝皮辣椒切小段；蒜頭去外膜，洗淨瀝乾；香菜洗淨，切段。

② 取一湯鍋，倒入少許油，先以中小火爆香蒜頭，接著放入酸菜微炒，炒出香氣後取出蒜頭和酸菜。

③ 原鍋倒入適量的水，以中大火煮滾。再加入魚肉片、剝皮辣椒，以及少許剝皮辣椒的湯汁，煮至魚肉快熟時，加入做法②的蒜頭、酸菜，並加點柴魚精、鹽調味，淋上少許的醬油，關火，撒上香菜即可。

烹調祕訣

不喜歡香菜口感和味道的話，也可以改加點蔥花。

蛤蜊清湯

材料 1人份

- 蛤蜊6～7顆
- 薑絲適量
- 蔥1支
- 調味料
  柴魚精適量
  鹽適量
  米酒少許
  香油少許

做法

①將蛤蜊放在盆中，加一點鹽，先用手輕輕搓蛤蜊殼，抓洗掉殼上的髒污，再用水洗淨，瀝乾；蔥切去根部，洗淨，切成蔥花。

②取一湯鍋，倒入適量的水，先以中大火將水煮滾，放入薑絲，轉小火熬煮約5分鐘。

③轉中火，加入蛤蜊。等蛤蜊殼一開，立刻加入適量的鹽、柴魚精調味，關火。

④最後淋上一點米酒，並滴入幾滴香油，撒上蔥花即可。

烹調祕訣

❶ 愛吃九層塔的人，可以在最後加入幾片九層塔葉，有另一種香氣。
❷ 淋上一點米酒不僅可以去腥，還能增添香氣。

酸菜肉片湯

材料 1人份

- 酸菜1～2片
- 火鍋豬肉片5～6片
- 薑絲適量
- 美白菇1小把
- 芹菜1小支
- 調味料
  柴魚精適量
  鹽適量

做法

① 酸菜洗淨，用手擰乾，切小段；美白菇切去根部，洗淨，用手剝開；芹菜摘去葉子，切去根部，洗淨，切末。

② 取一湯鍋，加進適量的水，先以中大火將水煮滾，放入酸菜、薑絲與美白菇，以中火稍微熬煮後，加進肉片，同時以鹽、柴魚精調味。

③ 等肉片一熟立刻關火，最後撒上芹菜末即可。

烹調秘訣

清洗酸菜時，要將葉子整個攤開來洗，才能洗得乾淨。

清爽的酸菜味，

能消除一天的疲勞。

酸菜青蚵豆腐湯

材料 1人份

- 酸菜頭適量
- 蚵仔8～9顆
- 嫩豆腐1/2塊
- 蔥1支
- 調味料
  柴魚精適量
  鹽適量
  香油數滴

做法

① 酸菜頭洗淨，切粗絲；蚵仔放在碗裡，加點鹽，用手輕輕搓洗，再用水沖洗瀝乾；嫩豆腐切小塊；蔥切去根部，洗淨，切成蔥花。

② 取一湯鍋，倒入適量的水，先以中大火將水煮滾。

③ 加入酸菜絲，轉中小火慢慢熬煮約5分鐘，再加入嫩豆腐塊，熬煮約5分鐘。

④ 加入蚵仔，等湯汁一煮滾立即關火，並用鹽、柴魚精調味，最後撒上蔥花，滴一點香油即可。

烹調祕訣

❶ 洗蚵仔時，要加點鹽，用手輕輕淘洗，才能洗淨又不傷到蚵仔。

❷ 蚵仔不要久煮，否則會縮小。先將湯料煮好，加入蚵仔後一旦滾了就立刻關火，利用餘熱煮熟蚵仔，就能保持蚵仔的肥美。

酸菜鴨血湯

材料 1人份

- 鴨血1/2塊
- 酸菜適量
- 韭菜適量
- 油蔥適量
- 調味料
  沙茶醬少許
  醬油少許
  柴魚精適量
  鹽適量

做法

① 鴨血洗淨，切長條狀，先用滾水汆燙過；酸菜洗淨，切小段；韭菜洗淨，切小段。

② 取一湯鍋，倒入油，先以中小火炒香酸菜，並加點沙茶醬，以小火稍微炒香，沿著鍋邊淋點醬油，再加入適量的水。

③ 等水滾後加點鹽、柴魚精調味，放入燙過的鴨血，再煮滾後試試味道，稍微增添沙茶醬、鹽的用量，最後加入韭菜、油蔥即可關火。

烹調祕訣

❶ 鴨血燙過，能先除去一些雜質。

❷ 炒沙茶醬時，要注意火候，轉小火炒，並沿著鍋邊淋點醬油，才能炒出沙茶的香氣卻又不會出現焦味。

福菜瘦肉湯

材料 1人份

- 福菜1～2片
- 瘦肉適量
- 薑絲少許
- 長蒜1/2支
- 金針菇1小把
- 調味料
  柴魚精適量
  鹽適量

做法

① 福菜徹底洗淨，用手擰乾，切小段；瘦肉洗淨，切小塊；長蒜只取蒜綠，洗淨，切段；金針菇切去根部，洗淨，用手剝開。

②取一湯鍋，加入適量的水，先以中大火將水煮滾後，轉中小火，放入薑絲和福菜，熬煮至出味。

③ 在做法②中加入瘦肉、金針菇，並加點鹽、柴魚精調味。等肉一熟立刻關火，加入蒜綠即可。

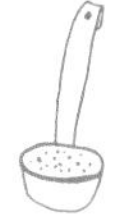

烹調祕訣

❶ 福菜本身就有鹹度，調味時，鹽不要加太多。

❷ 用瘦肉煮湯時，不要久煮，否則肉會煮得太柴。可以將肉切片，等肉一變色立即關火，口感最好。

冷冷冬天裡最家常的暖胃湯，
一碗接一碗，喝不停。

茼蒿肉片湯

材料 1人份

- 茼蒿1把
- 火鍋豬肉片7～8片
- 金針菇1小把
- 油蔥少許
- 調味料
  柴魚精適量
  鹽適量

做法

① 茼蒿洗淨，摘去根部；金針菇切去根部，洗淨，用手剝開。

② 取一湯鍋，加入適量的水，以中大火將水煮滾。

③ 在做法②中加入金針菇，等金針菇煮軟，加點鹽、柴魚精調味，並放入火鍋肉片和茼蒿，等肉一變色立即關火。

④ 最後撒上一點油蔥即可。

烹調祕訣

茼蒿煮久易變黑，肉片也不要久煮，所以先將湯調好味，再同時放入茼蒿與肉片，當肉變色馬上關火，就不會將肉煮柴，又能保持口感。

料理二三事

每到冬天，吃鍋的季節，總是少不了茼蒿。常常要加進了茼蒿，才有吃火鍋的感覺。孩子還小時，餐桌上時常出現火鍋，聽到長輩們口中說出「打某菜」，就感到好奇。當我們解釋「打某菜」是「茼蒿菜」，因為茼蒿經過煮後，體積會縮小，古時人們常以此為玩笑，說是老婆煮好後偷吃了，才有了「打某菜」這名字。因為茼蒿軟嫩的口感，還有有趣的名稱，從此孩子也愛上這蔬菜。

愛喝湯的我們，每餐都得變出一道湯，某天，忽然想到茼蒿和肉片很搭，不如直接送作堆，茼蒿肉片湯就出現啦！

海菜小魚豆腐湯

材料 1人份

- 澎湖海菜1/3盒
- 魩仔魚1小把
- 豆腐1/2塊
- 油蔥適量
- 調味料
  柴魚精適量
  鹽適量
  香油幾滴

做法

① 豆腐洗淨，切小塊。
② 取一湯鍋，放入油，先以中小火炒香魩仔魚，再倒入適量的水，轉中大火煮。
③ 等做法②的水煮滾，加入豆腐，轉中火稍煮一會兒，最後加鹽、柴魚精調味，再加入海菜煮滾。
④ 撒上油蔥，並淋上一點香油即可。

烹調祕訣

澎湖海菜又叫綠金，口感滑嫩，還可以搭配丸子煮湯、煎蛋或涼拌食用。

心得分享一

我家孩子也這樣吃！

孩子考試前，跟著暖心媽咪玉瑩
堅持著「每日一湯品」。

用味道傳遞愛

by Flora Yang於紐西蘭

喜歡用味道傳遞愛，特別是在有了孩子之後，一直思考愛的陪伴如何能深遠？當孩子牙牙學語時，總想著如何把美味和健康帶給年幼的寶貝。當孩子在青少年時期，為了讓他們吸收良好，期待他們長身高和更好的身體素質，總在腦袋中編織著每一餐的餐點。開心的是和青少年有著默契，當青少年返家開門時，總會問著今天晚上吃什麼？喝什麼湯？這時候，無聲的愛就由一碗湯品呈現。

認識玉瑩，是因為我們的孩子都在同一所國小的球隊，我們時常分享彼此的生活點滴。這幾年離開幸福便利的家鄉，隨著疫情持續，不能返家時，總想念家鄉的味道，天冷時幻想著喝著酸辣湯、蕃茄半筋半肉湯。很幸運地可以跟著玉瑩，透過她分享的食譜，隔著九千多公里學習快速上手的湯品。她用淺顯易懂的做法、簡練的文句，讓我們這樣在異鄉奮鬥的雙薪家庭，也能煮出家鄉的味道，讓每一道湯品陪伴孩子們成長。我們清楚知道孩子們會長大，有一天孩子們也會離開我們身旁，相信未來孩子們在四海為家時，能記得家中永遠有一碗熱湯等著自己，也會傳承想念的味道給他們的家庭。

如果您有著忙碌的事業和夢想，不妨放一本玉瑩的作品集在廚房，或許這回不是您來煮，而是孩子或另一半為剛忙碌一天的您準備可口的佳餚。愛的形式很多種，我喜歡玉瑩提供的方式，留給您一起享用。

PART 2 三十分鐘就搞定

雞、豬、牛、魚、海鮮，全都可以入湯，和不同的食材搭配，譜出一道道溫暖湯品。想不出該端上什麼湯的時候，從這兒找靈感！

冬瓜薏仁雞湯

材料 1人份

- 薏仁1杯
- 雞腿1支
- 冬瓜1片
- 薑絲少許
- 香菜少許
- 調味料
  柴魚精適量
  鹽適量

做法

①薏仁洗淨，泡水一夜，瀝乾備用；雞腿先用一鍋滾水汆燙過；冬瓜去皮和籽，切成塊狀；香菜切去根部，洗淨，切段。

②取一湯鍋，加入適量的水（水量可以多一些），用大火煮滾後加入薏仁、雞腿、薑絲和冬瓜塊，先用中大火煮滾，再轉小火慢慢熬煮至食材都熟軟。

③加點鹽、柴魚精調味，再加入香菜即可。

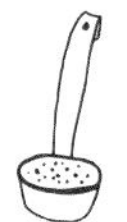

烹調祕訣

薏仁要先浸泡一晚，才比較容易煮熟。

整支雞腿加上薏仁，
滿滿的飽足感。

年節的蘿蔔糕大變身，
煮成湯，一碗就好飽好飽。

蝦米蘿蔔糕湯

材料 1人份

- 蘿蔔糕1小塊
- 長蒜1/2支
- 乾香菇2～3朵
- 瘦肉1小塊
- 蝦米適量
- 調味料
  沙茶醬適量
  醬油少許
  柴魚精適量
  鹽適量
  白胡椒粉少許

做法

① 蘿蔔糕切長條；長蒜切去根部，洗淨，蒜白切斜段，蒜綠切小段；香菇泡水至軟，洗淨，切絲；瘦肉洗淨，切成片；蝦米泡軟。

② 取一湯鍋，倒入適量的油，先炒香蒜白、蝦米、香菇和肉片，加點沙茶醬、醬油，以小火炒出香氣，加入適量的水。

③ 轉中大火，等水煮滾且肉熟了，加入蘿蔔糕，當湯再次煮滾立刻關火，並以柴魚精、鹽調味。

④ 最後撒上蒜綠、白胡椒粉即可。

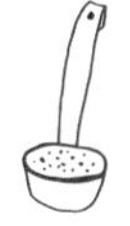

烹調祕訣

❶ 蘿蔔糕煮久容易散開，在湯滾沸狀態下加入蘿蔔糕後，只要水再度滾開，就要趕緊關火。

❷ 家中若有菜脯，切成末，鍋中倒點油，放進菜脯以小火炒香，撈出。享用蘿蔔糕湯時，加上一點炒過後的菜脯，滋味更是一絕。

料理二三事

小時候，每到過年，家裡餐桌上常會出現蘿蔔糕湯，所以一直以來，以為大家都知道蘿蔔糕除了煎食，還能煮湯。直到長大後，無意間和朋友說起，才發現原來並不是每個人都知道蘿蔔糕可以煮湯，更不用說享用過它的滋味了。

蘿蔔糕湯是客家傳統小吃，因為我有客家血緣，當然想將這道湯傳承下去，所以孩子從小也跟著喝，同時也很喜歡。偶爾沒什麼食欲，吃不下飯時，煮上一鍋蘿蔔糕湯，也能輕鬆解決一餐喔！

蛋絲餛飩湯

材 料 1人份

- 蛋1顆
- 市售餛飩10顆
- 油蔥少許
- 調味料
  柴魚精適量
  鹽適量
  白胡椒粉少許

做 法

① 取一碗，將蛋打散備用。

② 取一平底鍋，擦乾鍋底，倒入少許油，等油熱後倒入蛋液。當朝下靠近鍋子那一面熟了，以鍋鏟輔助，慢慢由自己的方向往前捲起蛋皮，使成蛋捲狀。取出蛋捲，以刀子切成蛋絲。

③ 取一湯鍋，倒入適量的水，以中大火將水煮滾。

④ 在做法③中加入餛飩，轉成中火，煮至餛飩浮起水面。

⑤ 加點柴魚精、鹽調味，並加入蛋絲、油蔥，最後撒點白胡椒粉即可。

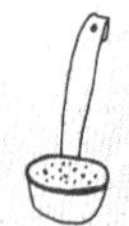

烹調祕訣

可以將油蔥換成蔥花，就能享用到不同的口感。

餛飩滑嫩的口感，
滿足了肚子餓的渴望。

蛤蜊清湯加上幾片山藥，
營養瞬間升級。

山藥蛤蜊湯

材料 1人份

- 山藥1小段
- 蛤蜊6～7顆
- 蛋1顆
- 芹菜1小支
- 調味料
  柴魚精適量
  鹽適量

做法

① 山藥去皮，洗淨，切片；蛤蜊放在盆裡，加點鹽，用手輕輕搓洗蛤蜊殼，再以清水洗淨；取一碗，將蛋打散備用；芹菜切去根部，摘去葉子，洗淨，切末。

② 取一平底鍋，擦乾鍋底，倒入少許油，等油熱後倒入蛋液。當朝下靠近鍋子那一面熟了，以鍋鏟輔助，慢慢由自己的方向往前捲起蛋皮，使成蛋捲狀。取出蛋捲，以刀子切成蛋絲。

③ 取一湯鍋，倒入適量的水，先以中大火將水煮滾，放進蛤蜊，轉中火稍煮一下，馬上放入山藥，等蛤蜊殼開，加入蛋絲，並以柴魚精、鹽調味，最後撒上芹菜末即可。

烹調祕訣

山藥和蛤蜊都不要久煮，才不會影響口感和外觀。

菜心蛤蜊湯

材料 1人份

- 菜心1小條
- 蛤蜊6～7顆
- 紅蘿蔔1小段
- 油蔥適量
- 調味料
  柴魚精適量
  鹽適量

做法

① 菜心削去外皮、粗纖維，洗淨，切滾刀塊；蛤蜊放在盆內，加點鹽，用手輕輕搓洗蛤蜊殼，再以清水洗淨；紅蘿蔔去皮，洗淨，切粗絲。

② 取一湯鍋，倒入適量的水，以中大火將水煮滾，放入菜心、紅蘿蔔。

③ 煮至菜心和紅蘿蔔都可以用筷子穿透後，加進蛤蜊。當蛤蜊殼開，加點柴魚精、鹽調味，並撒上油蔥即可。

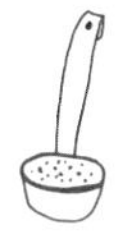

烹調祕訣

菜心的外皮與粗纖維可以用水果削刀削去，或是在傳統市場購買時，請菜販代為削除，但是削去外皮後，要冰在冷藏庫，並在兩天內煮食，不能放過久。

偶爾來上一碗辣辣的湯，
頓時精神百倍。

剝皮辣椒雞湯

材料 1人份

- 剝皮辣椒1～2根
- 雞腿塊2～3塊
- 高麗菜2～3葉
- 調味料
  柴魚精適量
  鹽適量

做法

① 雞腿塊先用滾水汆燙去血水，再用冷水洗淨；高麗菜葉洗淨，用手剝成適口片狀。

② 取一湯鍋，倒入適量的水，以中大火將水煮滾後，加入雞腿塊，再煮滾後倒進一點剝皮辣椒湯汁，並放入高麗菜。

③ 煮至食材都熟了，加點鹽、柴魚精調味即可。

烹調祕訣

電鍋也能做：在做法②中加入雞腿、剝皮辣椒湯汁和高麗菜再煮滾後，移入電鍋的內鍋，外鍋倒進1.5杯水，蓋上鍋蓋，按下開關，等開關跳起後再燜約5分鐘。如果覺得雞腿不夠熟軟，可以在外鍋再加1杯水，按下開關，煮至雞腿熟了。打開鍋蓋後加點鹽、柴魚精調味即可。

料理二三事

很多年前，有位朋友家裡自製剝皮辣椒，捧場買了一罐後，驚為天人，幾乎餐餐都可以配飯吃。後來，開始試著研究剝皮辣椒的料理，才發現用剝皮辣椒煮成雞湯是一絕，喝過的人都讚不絕口。

我家兩兒從小就不怕吃辣，某天煮了這道湯，他們好奇地跟著吃了之後，居然一口接一口，一碗接一碗，還直呼好喝。從此，這道湯又成了餐桌上菜單之一。又再長大些，他們也開始跟著配飯吃，一條剝皮辣椒可以配上一碗飯。偶爾心血來潮，將整條剝皮辣椒加進自己那碗湯裡，又能多喝好幾碗囉！

洋蔥的鮮甜，
解了雞湯的油，清爽好喝。

洋蔥雞湯

材料 1人份

- 雞腿1支
- 洋蔥1/2顆
- 紅棗2～3顆
- 調味料
  鹽適量

做法

① 雞腿洗淨，剁成塊，以一鍋滾水汆燙過，撈起後以冷水稍微沖洗過；洋蔥去皮，切成粗絲；紅棗去核。

② 取一湯鍋，倒入少許油，先以小火慢慢將洋蔥炒至冒出香氣且變透明，倒入適量的水，以中大火將水煮滾。

③ 在做法②中放進雞腿、紅棗，煮滾後轉中小火煮至雞腿熟了，加點鹽調味即可。

烹調祕訣

電鍋也能做：在做法③中加入雞腿、紅棗再煮滾後，移入電鍋的內鍋，外鍋倒進1.5杯水，蓋上鍋蓋，按下開關，等開關跳起後再燜約5分鐘。如果覺得雞腿不夠熟軟，可以在外鍋再加1杯水，按下開關，煮至雞腿熟了。打開鍋蓋後加點鹽調味即可。

幾朵香菇搭上雞腿，
就能熬出天然的好滋味。

香菇雞湯

材料 1人份

- 雞腿1支
- 乾香菇2～3朵
- 枸杞數顆
- 調味料
  鹽適量

做法

① 雞腿洗淨，剁成塊，以一鍋滾水汆燙過，撈起後以冷水稍微沖洗過；乾香菇泡冷水至軟，切成粗條狀；枸杞泡水至軟。

② 取一湯鍋，倒入少許油，放入香菇，先以小火炒出香氣，再倒入適量的水。以中大火將水煮滾後，放入雞腿，轉中小火熬煮至雞腿熟了。

③ 加點鹽調味，最後撒上枸杞即可。

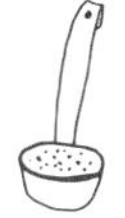

烹調祕訣

電鍋也能做：在做法②中加入雞腿再煮滾後，移入電鍋的內鍋，外鍋倒入1.5杯水，蓋上鍋蓋，按下開關，等開關跳起後再燜約5分鐘。如果覺得雞腿不夠熟軟，可以在外鍋再加1杯水，按下開關，煮至雞腿熟了。打開鍋蓋後加入枸杞，再蓋上鍋蓋燜約3分鐘，最後加點鹽調味即可。

鮭魚味噌湯

材料 1人份

- 鮭魚片2～3片
- 豆腐1/4塊
- 蔥1支
- 調味料
  味噌適量

做法

① 鮭魚洗淨，瀝乾備用；豆腐洗淨，切小塊；蔥洗淨，切成蔥花。

② 取一湯鍋，倒入適量的水，先以中大火煮滾，放入鮭魚片和豆腐煮熟。

③ 另取一空碗，碗內加入味噌，並舀一點做法②的湯汁，將味噌拌勻，再倒回湯裡。再煮滾後立刻關火，並撒上蔥花即可。

烹調祕訣

如果直接將味噌加入整鍋湯中，比較不易拌勻，所以另取一碗，將味噌和少許湯汁先行混勻再倒回湯裡。

鮭魚海帶芽湯

材料 1人份

- 鮭魚片2～3片
- 海帶芽適量
- 鱈魚丸2～3顆
- 柴魚片少許
- 調味料
  柴魚精適量
  鹽適量

做法

①鮭魚片先用滾水汆燙過。

②取一湯鍋，倒入適量的水，先以中大火將水煮滾，放入鮭魚片、鱈魚丸煮熟。

③最後加入海帶芽，並迅速用鹽、柴魚精調味，撒上柴魚片即可。

烹調祕訣

海帶芽一丟進湯裡，馬上就會散開，所以不用加太多，也不要煮太久。

沙茶魷魚羹

材料 1人份

- 發泡魷魚1/4條
- 竹筍絲適量
- 香菇絲適量
- 黑木耳絲適量
- 紅蘿蔔絲適量
- 九層塔少許
- 蛋1顆
- 調味料
  醬油適量
  砂糖適量
  烏醋適量
  沙茶醬適量
  鹽適量

做法

① 魷魚洗淨後切成條狀；竹筍去殼，洗淨，切絲；乾香菇泡水至軟，切絲；黑木耳去蒂，洗淨，切絲；紅蘿蔔去皮，洗淨，切絲；九層塔去梗，洗淨；蛋打散備用。

② 取一湯鍋，倒入適量的水，先以中大火將水煮滾，放入竹筍絲、香菇絲、黑木耳絲和紅蘿蔔絲，再煮滾後，將蛋液加入。這時要用湯勺不斷攪拌湯面，使成蛋花。

③ 等水再滾後，加入魷魚，並加入醬油、砂糖、烏醋、沙茶醬和鹽調味，轉中小火稍微煮一下，最後撒上九層塔即可。

烹調祕訣

❶ 如果沒有竹筍，也可以用茭白筍代替。

❷ 加調味料時，我習慣先加少量，再慢慢增添至喜歡的口味。

整天忙碌的課業後，
讓考生在家也能吃到夜市美食。

竹笙雞湯

材料 1人份

- 竹笙2～3條
- 雞腿1支
- 枸杞1小把
- 調味料
  柴魚精適量
  鹽適量

做法

① 竹笙用水稍微沖洗，剪成段；雞腿切成塊狀，先用一鍋滾水汆燙過；枸杞用水泡軟。

② 取一湯鍋，倒入適量的水，先以中大火將水煮滾，放入雞腿塊，熬煮至雞腿熟了。

③ 在做法②中加入竹笙和枸杞，並以柴魚精、鹽調味即可。

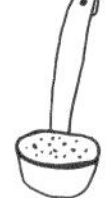

烹調祕訣

電鍋也能做：在做法②中加入雞腿再煮滾後，移入電鍋的內鍋，外鍋倒入1.5杯水，蓋上鍋蓋，按下開關，等開關跳起後再燜約5分鐘。如果覺得雞腿不夠熟軟，可以在外鍋再加1杯水，按下開關，煮至雞腿熟了。打開鍋蓋後加入竹笙和枸杞，再蓋上鍋蓋燜約5分鐘，加點柴魚精、鹽調味即可。

泡菜豆腐蝦湯

材料 1人份

- 鮮蝦2尾
- 嫩豆腐1/4塊
- 泡菜適量
- 蔥1支
- 調味料
  柴魚精適量
  鹽適量

做法

① 鮮蝦剪去鬚腳，去腸泥，洗淨；嫩豆腐切成小塊；蔥切去根部，洗淨，切成蔥花。

② 取一湯鍋，倒入適量的水，先以中大火將水煮滾，加入泡菜和些許泡菜汁，再煮滾後加入嫩豆腐和鮮蝦，煮至蝦熟。

③ 加點柴魚精、鹽調味，最後撒上蔥花即可。

烹調祕訣

❶ 從蝦頭往蝦尾數來的第二節蝦背，用牙籤穿過，就能輕鬆挑去腸泥。

❷ 用泡菜當湯底時，加進泡菜罐頭裡的汁，不僅可以讓湯頭更有滋味，還能減少柴魚精的用量。

脆瓜雞湯

材料 1人份

- 市售罐頭脆瓜4～5塊
- 雞腿1支
- 玉米筍1～2根
- 菜心1小段
- 紅蘿蔔1小段
- 調味料
  鹽適量

做法

① 雞腿切成塊狀，先用一鍋滾水汆燙過；玉米筍洗淨，切滾刀塊；菜心削去外皮，洗淨，切滾刀塊；紅蘿蔔去皮，洗淨，切滾刀塊。

② 取一湯鍋，倒入適量的水，先以中大火將水煮滾，放入雞腿塊、菜心、紅蘿蔔和玉米筍，再煮滾後轉中小火，熬煮至食材都熟了。

③ 在做法②中加入脆瓜和少許罐頭內的汁，以鹽調味即可。

烹調祕訣

脆瓜一旦久煮，不易保持脆度，所以在雞腿熟了之後再加入為佳。

料理二三事

在決定每天為即將上考場的兒子煮一道湯後，難免會遇上「今天煮什麼湯好呢？」的時候。這時，兒子就常會被當成實驗對象，因為媽媽可能又會亂亂配。

某天，看著冰箱，有點技窮了。眼看時間一分一秒過去，在學校參加晚自習的兒子就快回家了，我卻還沒搞定那一碗湯。就在我心急如焚，當晚的湯品即將開天窗之際，眼角餘光忽然瞄到冰箱裡有罐脆瓜，「嗯！應該可以吧？」就這樣，那天端在兒子面前的，就是這道湯。

家中常有的脆瓜，
煮起雞湯也很過癮。

陳年的好滋味，

盡在這碗湯中。

陳年菜脯蛤蜊雞湯

材料 1人份

- 陳年菜脯1小塊
- 蛤蜊6～7顆
- 雞腿1支
- 調味料
  鹽適量
  柴魚精適量

做法

① 菜脯用水沖洗過，切成小片狀；蛤蜊放在盆內，加一點鹽，用手輕輕搓洗，再以清水洗淨；雞腿切成塊狀，先用一鍋滾水汆燙過。

② 取一湯鍋，倒入適量的水，先以中大火將水煮滾，放入雞腿，等再煮滾後轉中小火熬煮。

③ 當雞腿快熟時，加入蛤蜊與陳年菜脯。等蛤蜊殼開後，試試味道，再加柴魚精、鹽調味。

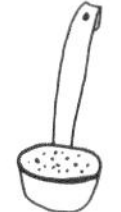

烹調祕訣

陳年菜脯含鹽量較高，煮之前要先用水沖洗過。調味前，不妨先試試味道，再決定是否加鹽。

料理二三事

幾年前，一位國小同學知道我天天煮飯，特地送了一罐陳年菜脯。收到的當下，我如獲至寶，煮過幾次，都只需要少少的量，就能煮出懷舊的好滋味。兒子們沒看過這樣的菜脯，黑黑的，表面還有一層結晶，直覺認為這菜脯肯定壞掉了，不能再吃。誰知道竟然在我端出這道湯時，從此對它徹底改觀。

因為數量不多，我可是很省著用，就怕用完了，再難找到這樣的菜脯。但是家有考生，一定要捨得拿出來，再好好煮碗陳年菜脯雞湯，慰勞考生的辛苦啊！

蒜頭田雞湯

材料 1人份

- 蒜頭數瓣
- 田雞2隻
- 枸杞1小把
- 蔥1支

- 調味料
  米酒少許
  柴魚精適量
  鹽適量

做法

①蒜頭只剝去最外層的皮，洗淨；田雞洗淨，先用滾水汆燙過；枸杞用水泡軟；蔥切去根部，洗淨，切成蔥花。

②取一湯鍋，倒入適量的水，先以中大火將水煮滾，放入蒜頭，再煮滾後轉中小火熬煮出味。

③在做法②中加入田雞熬煮至熟，加點米酒、柴魚精和鹽調味，最後撒上枸杞與蔥花即可。

烹調祕訣

❶起鍋前淋上少許米酒，可以去除田雞的腥味。

❷**電鍋也能做**：在做法③中加入田雞再煮滾後，移入電鍋的內鍋，外鍋倒進1杯水，蓋上鍋蓋，按下開關，等開關跳起後再燜約5分鐘。打開鍋蓋後加點柴魚精、鹽和米酒調味，並撒上枸杞，再蓋上鍋蓋燜約3分鐘，食用前撒上蔥花即可。

媽媽小時候的食補，
復刻版獻給兒子。

費心搭配的食材，
充滿著媽媽的愛。

蒜頭紅棗雞腿湯

材料 1人份

- 蒜頭數瓣
- 雞腿1支
- 紅棗2～3顆
- 九層塔少許
- 調味料
  鹽適量

做法

① 蒜頭剝去最外層的皮，洗淨；雞腿洗淨，先用一鍋滾水汆燙過；紅棗去核，洗淨；九層塔去梗，洗淨。

② 取一湯鍋，倒入適量的水，先以中大火將水煮滾，放入蒜頭、雞腿和紅棗，等再滾時，轉中小火慢慢熬煮至雞腿熟了。

③ 最後加點鹽調味，並加入九層塔即可。

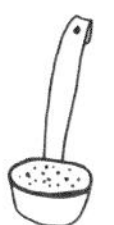

烹調祕訣

電鍋也能做：在做法② 中加入蒜頭、雞腿和紅棗再煮滾後，移入電鍋的內鍋，外鍋倒進1.5杯水，蓋上鍋蓋，按下開關，等開關跳起後再燜約5分鐘。打開鍋蓋後加點鹽調味，並加入九層塔即可。

料理二三事

小時候，媽媽常常在晚餐過後的夜晚，在電鍋裡燉煮一盅紅棗雞湯、人參雞湯。當電鍋開關跳起，雞湯的香味撲鼻而來時，我就知道又有美味可以享用了。即便長大了，那樣的滋味依然久久縈繞在我心中。

當我也成了媽媽，便也想讓兒子體會我小時候的美好，於是，在煮湯計畫開始實施後，這道湯品當然也成了口袋名單之一。看著兒子津津有味吃著，我也跟他分享我的幼時記憶。相信他也會聽進心裡，感受進心裡。將來，再由他傳承給他的孩子囉！

簡單的食材，
變化出香氣十足的好味道。

鴨腿高麗菜湯

材 料 1人份

- 鴨腿1支
- 高麗菜2～3葉
- 調味料
  柴魚精適量
  鹽適量

做法

① 鴨腿洗淨，先以一鍋滾水氽燙過；高麗菜葉洗淨，用手剝成適口大小。

② 取一湯鍋，倒入適量的水，先以中大火將水煮滾，再放入所有材料。待又煮滾後，轉中小火熬煮至鴨腿熟了。

③ 最後加點柴魚精、鹽調味即可。

烹調祕訣

❶ **電鍋也能做**：在做法② 中加入所有材料又煮滾後，移入電鍋的內鍋，外鍋倒進1.5杯水，蓋上鍋蓋，按下開關，等開關跳起後再燜約5分鐘。如果覺得鴨腿不夠熟軟，可以在外鍋再加1杯水，按下開關，再煮至鴨腿熟了。打開鍋蓋後加點柴魚精、鹽調味即可。

❷ 到餐廳吃烤鴨時如果有多的鴨骨，也可以帶回家，以同樣的方式，將鴨腿換成鴨骨，熬煮高麗菜或白菜，也是一道很鮮美的湯品。

料理二三事

我們很喜歡吃烤鴨，每當有多餘的鴨骨，總捨不得丟棄，隨手拿些高麗菜，和鴨骨一起熬煮成湯，又能吃上一餐。尤其是炒過的鴨骨，本來就帶有炒過的香氣，加入湯裡煮，更能釋放出那股鮮甜，喝過後，讓人久久無法忘懷。

為了即將參加大考的兒子，也很想端出這一道湯，但又不是時常有鴨骨可以利用。想起常去的肉舖售有櫻桃鴨腿，索性買了一支，同樣和高麗菜搭配。櫻桃鴨腿帶有煙燻的迷人滋味，煮起湯來，滋味也頗美妙，加上一整支鴨腿，讓考生直呼滿足。

只要有泡菜當底，

就能變化出各種湯品。

泡菜鍋

材料 1人份

- 市售泡菜罐頭1/2罐
- 高麗菜2～3葉
- 火鍋豆腐1/2塊
- 長蒜1支
- 豬火鍋肉片3～4片
- 魚板1小塊
- 調味料
  柴魚精適量
  鹽適量

做法

①高麗菜洗淨，用手剝成適口大小；豆腐切成小塊；長蒜洗淨，蒜白切成斜段，蒜綠切段；魚板洗淨，切成片。

②取一湯鍋，倒入少許油，先將泡菜、蒜白放進去，以小火慢慢炒香且蒜白帶點焦黃。

③在做法② 中倒入適量的水、泡菜罐頭中的汁，先以中大火煮滾，再放入高麗菜、豆腐和魚板，稍微煮到高麗菜軟，加入肉片，以柴魚精、鹽調味，並加入蒜綠即可。

烹調祕訣

一開始先用油慢炒泡菜和蒜白，能先將香氣炒出來，之後再倒入水，味道會更有層次。

鹹湯圓

材料 1人份

- 市售生湯圓1/2碗
- 茼蒿1小把
- 蝦米適量
- 香菇1朵
- 調味料
  沙茶醬適量
  醬油適量
  鹽適量

做法

① 取一湯鍋，倒入適量的水，先以中大火將水煮滾，放入湯圓，轉中小火，煮至湯圓浮起，撈起備用；茼蒿切去根部，洗淨；蝦米泡軟；香菇泡軟，切細絲。

② 起油鍋，先放入蝦米和香菇，以中小火炒出香氣，加點沙茶醬，用小火炒香，再倒入適量的水。

③ 轉中大火將水煮滾後，加入湯圓和茼蒿，並加點醬油、鹽調味即可。

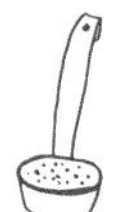

烹調祕訣

❶ 湯圓先煮熟再加進湯裡，湯汁才不會變得混濁。

❷ 蝦米和香菇要用小火炒，才不會炒焦且有苦味。

大黃瓜丸子湯

材料 1人份

- 大黃瓜1/3條
- 丸子數顆
- 油蔥適量
- 香菜適量
- 調味料
  柴魚精適量
  鹽適量

做法

① 大黃瓜洗淨，去皮，去籽，切成小塊；香菜切去根部，洗淨，切小段。

② 取一湯鍋，倒入適量的水，先以中大火將水煮滾，放入大黃瓜塊，等再煮滾後轉中小火煮至大黃瓜將熟，加入丸子，煮至丸子膨脹。

③ 加柴魚精、鹽調味，再撒點油蔥和香菜即可。

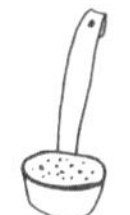

烹調祕訣

丸子一般都放在冷凍庫保存，煮前無需退冰，但可以稍稍泡水3分鐘，再放入湯裡煮。這樣的丸子，煮起來會比較有彈性，有咬勁。

較涼的日子，
來碗肉骨茶湯溫暖身心。

肉骨茶湯

材 料 1人份

- 肉骨茶包1包
- 豬小排2支
- 蒜頭數瓣
- 玉米1支
- 鴻喜菇1小把
- 調味料
  醬油膏適量
  醬油適量
  白胡椒粉少許

做法

①豬小排先用滾水汆燙過，沖洗乾淨；蒜頭只去除最外層的皮，洗淨；玉米去皮，洗淨，剁成小塊；鴻喜菇切去根部，洗淨，用手剝開。

②取一湯鍋，倒入適量的水，先以中大火將水煮滾，放入肉骨茶包、蒜頭、豬小排、玉米和鴻喜菇，並加點醬油膏、醬油，滾後轉中小火，熬煮至豬小排熟軟。

③最後撒點白胡椒粉即可。

烹調祕訣

電鍋也能做：在做法②中加入所有材料和醬油膏、醬油再煮滾後，移入電鍋的內鍋，外鍋倒進2杯水，蓋上鍋蓋，按下開關，等開關跳起後再燜約5分鐘。打開鍋蓋後撒點白胡椒粉調味即可。

料理二三事

兒子們小時候對於沒吃過的食物，接受度還算高，所以我也樂於嘗試各種不同的料理。記得第一次拿到肉骨茶包，試著煮出肉骨茶湯時，滿室的香味，著實引人肚子咕嚕咕嚕叫，就連從未喝過這道湯品的兒子們，也忍不住好奇，究竟是什麼味道啊？

快快幫他們各盛了一碗，邊和他們分享關於肉骨茶的一切，在他們聽得入神時，面前的肉骨茶也早已碗底朝天。這告訴了我一件事：他們也愛這一味。從此，只要天氣稍冷，這道湯就會出現在餐桌上，讓兒子們拍手叫好。

山藥排骨湯

材料 1人份

- 山藥1小段
- 豬排骨2支
- 紅棗2～3顆
- 黑木耳1朵
- 調味料
  柴魚精適量
  鹽適量

做法

① 山藥去皮，切薄片；排骨先用滾水汆燙過，洗淨；紅棗去核，洗淨；黑木耳去蒂頭，洗淨，切成小片。

② 取一湯鍋，倒入適量的水，先以中大火將水煮滾。加入排骨、紅棗與黑木耳，等水再滾後，轉中小火慢慢熬煮至排骨熟了。

③ 加點柴魚精、鹽調味，並放入山藥，煮至水再滾即可關火。

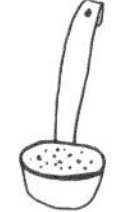

烹調祕訣

電鍋也能做：在做法②中加入排骨、紅棗與黑木耳再煮滾後，移入電鍋的內鍋，外鍋倒進1杯水，蓋上鍋蓋，按下開關，等開關跳起。打開鍋蓋後加入山藥，再蓋上鍋蓋燜約10分鐘，最後加點柴魚精、鹽調味即可。

紫菜金針肉片湯

材料 1人份

- 野生紫菜適量
- 乾金針1小把
- 豬肉片5～6片
- 紅辣椒1小段
- 調味料
  柴魚精適量
  鹽適量

做法

①乾金針泡水，並用滾水氽燙過；紅辣椒洗淨，切小段。

②取一湯鍋，倒入適量的水，先以中大火將水煮滾，轉中小火，放入金針稍微熬煮，再加入肉片。

③當豬肉片煮至快熟了，馬上加入紫菜（用手剝成小塊），並加柴魚精、鹽調味，最後加入紅辣椒即可。

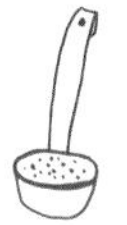

烹調秘訣

野生紫菜煮湯後會膨脹，建議先加一點點，如果份量不夠再加，不要一次就加過多。

又要酸，又要辣，
酸酸辣辣才過癮！

酸辣湯

材料 1人份

- 茭白筍1/2支
- 黑木耳1朵
- 紅蘿蔔1小段
- 肉絲1小撮
- 蔥1支
- 調味料
  醬油適量
  辣椒醬適量
  黑醋適量
  鹽適量

做法

① 茭白筍去殼，洗淨，切絲；黑木耳去蒂頭，洗淨，切絲；紅蘿蔔削皮，洗淨，切絲；蔥切去根部，洗淨，切成蔥花。

② 取一鍋滾水，放入茭白筍絲、黑木耳絲、紅蘿蔔絲和肉絲汆燙，撈起瀝乾備用。

③ 另取一湯鍋，倒入適量的水，先以中大火將水煮滾，放入茭白筍絲、木耳絲和紅蘿蔔絲。等水滾後，轉中小火，加點醬油、辣椒醬、黑醋、鹽，再放入肉絲，最後撒上蔥花即可。

烹調祕訣

肉絲先汆燙過後，煮好的酸辣湯才不會變濁。

料理二三事

還記得懷孕時，每當家人問起我想吃什麼，最讓我心心念念的，始終就是酸辣湯。清湯的、勾芡的，都行。當時，上班的公司附近有家餐館，酸辣湯是我心中的最愛前三名之一，三天兩頭，我總要跑一趟，解解饞。

這一碗湯，讓我變成了熟客。沒想到孩子出生長大後，也跟著愛上酸辣湯，而且一樣愛上這家餐館的酸辣湯。很巧的是，後來得知，第二代老闆的兒子，跟我家兒子上了同一所大學喔！

牛蒡雞腿核桃湯

材料 1人份

- 牛蒡1小段
- 雞腿1支
- 核桃3～4塊
- 香菜少許
- 調味料
  鹽適量

做法

① 牛蒡洗淨（外皮不必削去），切片；雞腿洗淨，先以一鍋滾水汆燙過；香菜切去根部，洗淨，切小段。

② 取一湯鍋，倒入適量的水，先以中大火將水煮滾，放入雞腿、牛蒡，等再滾後轉中小火，慢慢熬煮至雞腿熟且散發出牛蒡香氣。

③ 加鹽調味，最後撒上核桃、香菜即可。

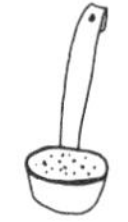

烹調祕訣

❶ 牛蒡皮能預防感冒，建議煮湯時不要削皮，但是一定要洗乾淨。

❷ **電鍋也能做**：在做法② 中加入雞腿、牛蒡再煮滾後，移入電鍋的內鍋，外鍋倒進1.5杯水，蓋上鍋蓋，按下開關，等開關跳起後再燜約5分鐘。如果覺得雞腿不夠熟軟，可以在外鍋再加1杯水，按下開關，煮至雞腿熟了。打開鍋蓋後加點鹽，並撒上核桃與香菜即可。

奇妙的組合，
意想不到的好喝。

蘿蔔排骨湯

材料 1人份

- 白蘿蔔1/3條
- 豬排骨2支
- 香菜1小把
- 調味料
  柴魚精適量
  鹽適量

做法

① 白蘿蔔去皮，去頭尾，洗淨，切滾刀塊；排骨先以一鍋滾水汆燙過，撈起沖洗後瀝乾；香菜切去根部，洗淨，切小段。

② 取一湯鍋，倒入適量的水，先以中大火將水煮滾，放入排骨、白蘿蔔，等再滾後，轉中小火慢慢熬煮至白蘿蔔、排骨熟透，加柴魚精和鹽調味。

③ 食用時，碗裡先放入香菜，再將熱湯和料舀進碗裡即可享用。

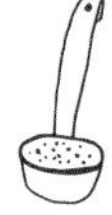

烹調祕訣

電鍋也能做：在做法②中加入排骨、白蘿蔔再煮滾後，移入電鍋的內鍋，外鍋倒進1.5杯水，蓋上鍋蓋，按下開關，等開關跳起後再燜約5分鐘。打開鍋蓋後加點柴魚精、鹽調味即可。

玉米排骨湯

材料 1人份

- 豬排骨2支
- 玉米1/2支
- 紅蘿蔔1小段
- 蔥1支
- 調味料
  柴魚精適量
  鹽適量

做法

① 排骨洗淨，先用一鍋滾水汆燙過，撈起沖洗後備用；玉米去皮，洗淨，切成小塊；紅蘿蔔去皮，洗淨，切滾刀塊；蔥切去根部，洗淨，切成蔥花。

② 取一湯鍋，倒入適量的水，先以中大火將水煮滾，再將排骨、玉米和紅蘿蔔放入，等再滾後轉中小火熬煮至材料都熟。

③ 最後加點柴魚精、鹽調味，並撒上蔥花即可。

烹調祕訣

電鍋也能做：在做法②中加入排骨、玉米和紅蘿蔔再煮滾後，移入電鍋的內鍋，外鍋倒進1.5杯水，蓋上鍋蓋，按下開關，等開關跳起後再燜約5分鐘。打開鍋蓋後加點柴魚精和鹽調味，並撒上蔥花即可。

金針肉片湯

材料 1人份

- 乾金針1小把
- 豬肉片3～4片
- 高麗菜1～2葉
- 香菜1小把
- 調味料
  柴魚精適量
  鹽適量

做法

①乾金針泡水，再以滾水汆燙過；高麗菜洗淨，用手剝成適口片狀；香菜切去根部，洗淨，切小段。

②取一湯鍋，倒入適量的水，先以中大火將水煮滾，加入金針和高麗菜稍微熬煮，加鹽、柴魚精調味。

③在做法②中加進豬肉片，當豬肉片一熟，立即撒上香菜即可。

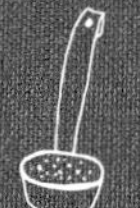

烹調祕訣

金針常被添加一些化學成分，讓色澤更美，煮之前一定要泡水且燙過。

金針與肉片帶出淡淡的甜味，
好喝沒負擔。

清澈的湯頭裡，
　喝的是滿滿的精華。

下水湯

材料　1人份

- 雞心適量
- 雞胗適量
- 雞肝適量
- 薑絲少許
- 蔥1支
- 調味料
  米酒少許
  柴魚精適量
  鹽適量

做法

① 雞心洗淨，切開，取出血塊；雞胗洗淨，切小塊；雞肝洗淨，切小塊。

② 煮一鍋滾水，將做法① 放入汆燙過，撈出瀝乾；蔥切去根部，洗淨，切成蔥花。

③ 另取一湯鍋，倒入適量的水，先以中大火將水煮滾，放入薑絲，用中小火稍微熬煮。

④ 在做法③ 中加入做法② 燙過的雞內臟，煮滾後淋點米酒，並加點柴魚精、鹽調味，最後撒上蔥花即可。

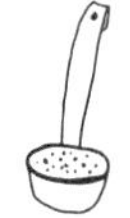

烹調祕訣

所有的食材都先汆燙過，煮出來的湯汁才不會混濁。

料理二三事

只要餐廳的菜單裡有下水湯，我絕對不做第二選擇，這是我從小喝到大的好滋味。

小時候住在三合院，阿嬤在院子裡養了好多雞，每天我除了忙著追著雞跑，就是忙著喝雞湯、下水湯。自家養的雞，吃起來不但安心，又有營養，而下水湯的好味道，更成了我心目中好喝湯品第一名。自從成了煮飯婆，當然也要學學這道湯品。學會了之後，自然也要請兒子試試媽媽的最愛。

心得分享二

我家孩子也這樣吃！

孩子考試前，跟著暖心媽咪玉瑩
堅持著「每日一湯品」。

愛的湯品陪伴孩子的倒數計時

by Vila

我的孩子們距離人生第一場大考的日子在倒數中，考生們的心情難免隨之緊張。身為媽媽，我常常「動口」，以為自己苦口婆心、說之以理，就是在幫他們加油，是站在同一陣線上。沒想到卻換來他們的抗議、不領情。

玉瑩的孩子和我的孩子在同一支運動校隊，相識近十年，看著這位同樣擁有兩位男孩，孩子們皆已經歷高中、大學大考的媽媽，總是一派輕鬆又有良好的親子關係，安靜下來的我，決定仿效她的每日湯品——用行動力代替動口（孩子們口中的碎念）。

在孩子大考前，玉瑩曾在臉書分享每日一湯，在孩子從學校參加晚自習回家後，端出一道湯。於是，我從臉書上找出她曾po出的食譜，安排我的行事曆，拿出紙、筆，計畫每日或每兩日也端出一道湯品，心想，這將會是給他們最大的鼓勵吧！

用心製作的溫暖滋味總是有如此的魔力，自從開始執行計畫後，陸續端上芥菜地瓜雞湯、麻油蛋包湯……孩子們每晚回到家，都是期待的眼神，問著：「媽媽，今晚喝什麼湯？」看著他們心滿意足地吃到碗底朝天，我也有著莫大的成就感。漸漸地，我的心思都圍繞著每天要為他們煮哪一道湯，不再頻頻追問成績，或叨唸快快讀書；而孩子們呢，也彷彿因為這一道道湯，安定了心緒，讀起書來更加自動自發。我終於能夠體會玉瑩當初會這麼做的用心。

陪伴，常能激盪出許多化學變化，大家一起努力。

心得分享三

我家孩子也這樣吃！

孩子考試前，跟著暖心媽咪玉瑩堅持著「每日一湯品」。

用加油湯為家中考生們加油

by 小白

玉瑩曾是我的同事，雖然她離職後我們並不常見面，但多年來一直維持著聯繫，其中也包括了臉書上的交流。她很樂意分享生活中有趣的大小事，像是自家孩子們的求學生活、課後活動、煮飯婆的日常等等，隔著電腦螢幕，似乎也能感受到她的活力與忙碌。在這些臉書貼文中，最令我印象深刻的是，她曾經為了自家即將面臨升學大考的兩兒，設計了一系列的考生加油湯。

當時外甥也正面臨指考，聽說每日早出晚歸，補習下課回到家往往9點多了。考生壓力大，頻長青春痘，身旁的爸媽也不知從何關心起，我想起了玉瑩的貼文，便立刻將考生加油湯的點子分享給堂妹，讓焦慮的爸媽終於有事可做，之後聽說加油湯的效果還不錯。

在她分享的湯品中，料理新手的我應該只能烹調麻油蛋包湯、玉米排骨湯這類食材簡單、好做的湯品，當作我的日常料理。除了這些之外，剝皮辣椒雞湯、肉骨茶湯、蒜頭雞湯這些，光看照片就令人垂涎，他家孩子實在太有口福了。而讓人開心的是，這些湯品都將收錄在她的食譜書中，相信不僅能為辛苦的考生們暖胃，更能成為我們餐桌上的一道菜。

PART3 花點時間慢慢煮

孩子模擬考或較疲憊的日子，試著多用些時間，慢慢煮碗暖呼呼的湯品慰勞。父母費思熬煮的湯，一定能溫暖考生的心！

通心粉濃湯

材料 1人份

- 洋蔥1/4顆
- 雞胸肉1/4副
- 高麗菜2～3葉
- 綠花椰菜1～2小朵
- 義大利通心粉1/2碗
- 牛奶少許
- 高湯適量
- 調味料
  柴魚精適量
  鹽適量
  黑胡椒少許

做法

①燒一鍋水，將雞胸肉放入，煮至雞胸肉熟了，取出雞胸肉，剩下的湯即是高湯。

②做法①的雞胸肉涼了之後，剝成雞肉絲備用；洋蔥去皮，洗淨，切絲；高麗菜洗淨，切絲備用；綠花椰菜洗淨，切成小朵。

③取一湯鍋，加一點油，以小火炒香洋蔥絲，倒入做法①的高湯，轉中大火煮滾後再轉中小火慢慢熬煮，煮至聞到洋蔥香氣。

④在做法③中加入通心粉、高麗菜，轉中大火煮，煮滾後再轉中小火，之後加入牛奶、雞肉絲和綠花椰菜，以小火熬煮，最後加上鹽、柴魚精調味。

⑤食用的時候，撒上一點黑胡椒即可。

烹調祕訣

也可以將綠花椰菜切成小朵，先汆燙熟後，食用時再加入碗裡，就能保持翠綠。

料理二三事

第一次喝這道湯，是到兒子同學家作客時，他們家的外傭親手熬煮。她說，那是她家鄉的味道，分享給我們享用。

那一次，兒子喝了之後驚為天人，覺得真是美味。事後，常常都要唸起這道湯，甚至吵著要我也煮煮看。為了兒子，我特地又到同學家，請他們家的外傭教我，回家後趕緊趁記憶還深煮了出來，看著兒子將湯送進嘴裡，當他的嘴角慢慢往上揚，我才鬆了一口氣，成功了！

來自異國，享用不一樣的口味，
卻同樣營養滿分的佳餚。

石斑魚滿滿的膠質、軟嫩的肉質，
慢慢熬煮出鮮美的湯頭。

石斑魚下巴湯

材料 1人份

- 石斑魚下巴塊3～4塊
- 薑1小塊
- 紅棗2～3顆
- 枸杞1小把
- 調味料
  米酒少許
  柴魚精適量
  鹽適量

做法

①石斑魚下巴洗淨，剁成塊；薑去皮，洗淨，切絲；紅棗去核，洗淨；枸杞泡水至軟。

②取一湯鍋，倒入少許油，等油熱，放入魚下巴塊煎至兩面焦黃，取出。

③原鍋倒入適量的水，先以中大火將水煮滾，再放入做法②的魚塊和薑絲。等再滾後加入紅棗，轉中小火慢慢熬煮。

④在做法③中淋點米酒，加點柴魚精、鹽調味，並撒上枸杞即可。

烹調祕訣

電鍋也能做：在做法③中加入魚塊和薑絲再煮滾後，移入電鍋的內鍋，外鍋倒進1杯水，蓋上鍋蓋，按下開關，等開關跳起後再燜約5分鐘。打開鍋蓋加入枸杞，再蓋上鍋蓋燜約5分鐘，最後加點柴魚精、鹽調味，並淋上米酒即可。

料理二三事

平常到市場買魚，都會固定找熟識的魚販，久而久之，老闆很了解我們家愛吃什麼樣的魚。有時候某些當季或是少有的好魚種，老闆也會推薦。龍膽石斑魚就是他極力推薦的一種。

第一次，買的是魚身部位的肉片，加點薑絲清蒸後，再加上蔥絲，淋點醬油，就吃得到最天然的美味。龍膽石斑魚豐富的膠質，更是吸引了全家大小。沒幾天，我又找老闆要買這種魚。這一次，老闆說：「來個魚下巴煮湯吧！」最單純的煮法，如此簡單的料理，輕鬆擄獲我們的胃。

吃長蒜，考試一定很會算！

魷魚螺肉蒜

材 料 1人份

- 魷魚1/4尾
- 螺肉罐頭1/4罐
- 長蒜1/2支
- 豬排骨1～2塊
- 紅辣椒1支
- 調味料
  醬油適量
  鹽適量
  白胡椒粉少許

做 法

①魷魚洗淨，剪成小長段；長蒜洗淨，蒜白切斜段，蒜綠切長段；豬排骨先用滾水汆燙過，洗淨；紅辣椒切去頭部，洗淨。

②取一鍋，倒入油，等油熱後，放入魷魚炒出香味，撈出魷魚備用。

③用做法②的餘油，加入蒜白以小火爆炒，並沿著鍋邊淋些醬油，再加入適量的水。

④以中大火將水煮滾後加入排骨，並倒入些許螺肉罐頭中的湯汁，再滾後轉中小火，熬煮至排骨熟軟，加點鹽調味。

⑤在做法④中加入螺肉、魷魚和蒜綠，當水一滾馬上關火，最後撒上白胡椒粉提味，並放上紅辣椒即可。

烹調祕訣

❶ 魷魚先炒出香氣，湯頭才好喝。

❷ 螺肉罐頭的湯汁帶有甜味，調味料的份量可以斟酌使用。

酸菜豬腸結湯

材 料 1人份

- 瓠仔絲1小條
- 紅蘿蔔1小段
- 肉絲1小撮
- 竹筍絲1小撮
- 乾香菇1朵
- 酸菜頭1小塊
- 豬腸1小段
- 蔥1支
- 調味料
  柴魚精適量
  鹽適量

做法

①瓠仔絲洗淨，瀝乾，剪成約10公分的長段；紅蘿蔔去皮，洗淨，切粗絲；乾香菇泡水至軟，切絲；酸菜頭洗淨，切絲；豬腸徹底洗淨，汆燙過，再用滾水煮至軟，切段；蔥切去根部，洗淨，切成蔥花。

②將瓠仔絲平放在桌上，在瓠仔絲上頭排放紅蘿蔔絲、肉絲、竹筍絲、香菇絲、酸菜絲和豬腸（上述材料的長度要盡量一致），用瓠仔絲將這些材料綁緊，打結。並重複此步驟，多做幾個酸菜豬腸結。

③取一湯鍋，倒入適量的水，先以中大火將水煮滾，放入做法②，等再滾後轉中小火煮至食材都熟了，最後加點柴魚精、鹽調味即可。

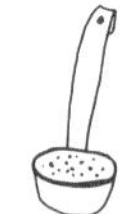

烹調祕訣

如果喜歡比較酸的口感，也可以在湯裡多加些酸菜片。

豆腐魚湯

材料 1人份

- 豆腐1/4塊
- 白肉魚3～4片
- 小白菜1小把
- 枸杞數顆
- 調味料
  柴魚精適量
  鹽適量
  米酒少許
  香油少許

做法

① 豆腐洗淨，切小塊；魚片用水沖洗淨；小白菜切去根部，洗淨，切段；枸杞用水泡軟。

② 取一湯鍋，倒進適量的水，先以中大火將水煮滾，放入魚片和豆腐，煮至魚片和豆腐都熟了，加入小白菜。

③ 加點柴魚精、鹽調味，淋點米酒，並撒上枸杞即可。

烹調祕訣

煮魚清湯時，可以淋入少許米酒去腥。

砂鍋魚肉湯

材料 1人份

- 白肉魚3～4片
- 乾香菇1～2朵
- 蝦米1小把
- 金針菇1小把
- 杏鮑菇1支
- 豆腐1/4塊
- 長蒜1支
- 調味料
  豆瓣醬少許
  醬油少許
  鹽少許
  白胡椒粉少許

做法

① 乾香菇泡軟，切成片狀；蝦米泡軟備用；金針菇切掉底部，橫切對半；杏鮑菇切小塊；豆腐切小塊；長蒜洗淨，蒜白切斜段，蒜綠切短段。

② 砂鍋起油鍋，先將魚肉放入煎至兩面金黃，撈出備用。

③ 在做法②的鍋中再倒入一點油，將香菇和蝦米、蒜白放入，以小火爆香，再倒進一點醬油、豆瓣醬，炒至冒出香氣，倒入適量的水（需能蓋過所有材料），蓋上鍋蓋。

④ 等煮滾後加入魚片、金針菇、杏鮑菇和豆腐，再蓋上鍋蓋，等再滾後轉小火慢慢熬出味道。

⑤ 最後加上鹽調味，再撒上蒜綠、白胡椒粉即可。

烹調祕訣

❶ 將材料中的豆腐換成凍豆腐，凍豆腐吸收了湯汁的精華，也很好吃。

❷ 在小火爆香階段先加入醬油、豆瓣醬，比較容易逼出香氣。

端出砂鍋，
美味瞬間爆表。

來自海洋的營養，
溫暖呈現在這碗湯中。

昆布小魚乾排骨湯

材料 1人份

- 日高昆布1小條
- 小魚乾1小把
- 豬排骨2塊
- 蒜頭3～4瓣
- 蒜綠1小段
- 調味料
  鹽少許

做法

① 取一條乾淨的布，沾濕後用手擰乾，輕輕擦拭昆布表面，再將昆布剪成小段；豬排骨先用滾水汆燙過，洗淨備用；蒜頭只去掉最外層的皮，保留整顆不切；蒜綠洗淨，切段。

② 取一湯鍋，倒入少許油，先以小火炒香小魚乾、蒜頭，再倒入適量的水，以中大火將水煮滾。

③ 在做法② 中加入排骨和昆布，等再滾時，轉中小火慢慢熬煮至排骨熟了、昆布軟了，最後加少許鹽調味，並放入蒜綠即可。

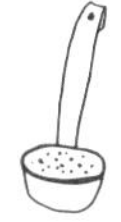

烹調祕訣

電鍋也能做：在做法③ 中加入排骨、昆布再煮滾後，移入電鍋的內鍋，外鍋倒進1.5杯水，蓋上鍋蓋，按下開關，等開關跳起後再燜約5分鐘。打開鍋蓋後加點鹽調味，並撒上蒜綠即可。

料理二三事

家人每次有機會到日本，一定會帶回一大包日高昆布。當精神不濟、體力不佳，或是有點疲倦時，我就會煮上一鍋昆布小魚乾排骨湯。幾乎完全不加調味料的湯頭，卻有著滿滿大海的精華，喝了之後頓感神清氣爽。

在日本，昆布熬成的湯，幾乎家家戶戶必喝。兒子們跟著喝這道湯，也同樣深受吸引。大約國小時，全家到日本遊玩，逛超市時，看著架上各式各樣的昆布種類，他們也能一眼看出：「要買日高昆布回台灣喔！」

芥菜地瓜雞湯

材料 1人份

- 芥菜1大葉
- 雞腿1支
- 地瓜1小顆
- 薑絲少許
- 調味料
  柴魚精適量
  鹽適量

做法

① 雞腿切塊，先以滾水汆燙過；芥菜洗淨，切成片狀；地瓜洗淨，削去外皮，切成塊狀。

② 取一湯鍋，倒入適量的水，先以中大火將水煮滾，再放入雞腿塊、地瓜塊以及薑絲，等再煮滾後轉中小火熬煮至雞腿熟了，地瓜熟軟。

③ 在做法②中放入芥菜稍微煮至芥菜軟了，加點柴魚精、鹽調味即可。

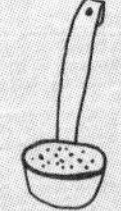

烹調祕訣

❶ 地瓜本身帶有甜味，柴魚精的用量可以斟酌。

❷ 如果喜愛芥菜的爽脆口感，建議不要久煮。另外，如果煮好後沒有立即享用，最好不要急著蓋上鍋蓋，否則芥菜會變黃，失去翠綠的光澤。

地瓜搭上芥菜，
意外地沒有違和感，
還多了些營養。

菱角排骨湯

材料 1人份

- 菱角4～5顆
- 豬排骨2塊
- 香菜少許
- 調味料
  柴魚精適量
  鹽適量

做法

① 菱角洗淨備用；排骨以滾水汆燙過，洗淨備用；香菜先泡水，再洗淨，切小段。

② 取一湯鍋，倒入適量的水，先以中大火將水煮滾，放入排骨、菱角，等再滾後，轉中小火熬煮至菱角和排骨熟軟，加點柴魚精、鹽調味，最後撒上香菜即可。

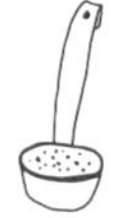

烹調祕訣

電鍋也能做：在做法②中加入排骨、菱角再煮滾後，移入電鍋的內鍋，外鍋倒進1.5杯水，蓋上鍋蓋，按下開關，等開關跳起後再燜約5分鐘。打開鍋蓋後加點柴魚精、鹽調味，並撒上香菜即可。

蕃茄牛蒡排骨湯

材料 1人份

- 蕃茄1/2顆
- 牛蒡1小段
- 豬排骨2塊
- 蒜白1小段
- 調味料
  柴魚精適量
  鹽適量

做法

① 蕃茄去蒂頭，洗淨，切塊；牛蒡用刀子輕輕刮除外皮（不必完全削去），洗淨，切斜片；排骨洗淨，先用滾水汆燙過，洗淨備用；蒜白洗淨，切斜段。

② 取一湯鍋，倒點油，先放入蕃茄和蒜白，以小火炒香，再倒入適量的水。

③ 以中大火將水煮滾後，加入排骨、牛蒡，等再滾後轉中小火慢慢熬至蕃茄熟軟、排骨也熟了，加點柴魚精和鹽調味即可。

烹調祕訣

電鍋也能做：在做法③中加入排骨、牛蒡再煮滾後，移入電鍋的內鍋，外鍋倒進1.5杯水，蓋上鍋蓋，按下開關，等開關跳起後再燜約5分鐘。打開鍋蓋後加點柴魚精和鹽調味即可。

同樣來自水裡的魷魚和蓮藕，
激盪出好滋味。

魷魚蓮藕排骨湯

材料 1人份

- 魷魚適量
- 蓮藕1小節
- 豬排骨2塊
- 調味料
  柴魚精適量
  鹽適量

做法

① 魷魚泡開後，用剪刀剪成小段；蓮藕徹底洗淨外皮，切片；排骨先用滾水汆燙過，洗淨備用。

② 取一湯鍋，倒入適量的水（需蓋過所有食材），放入排骨、蓮藕和魷魚，開火，煮滾後轉中小火，慢慢熬煮至蓮藕鬆軟，加點柴魚精、鹽調味即可。

烹調秘訣

煮蓮藕湯時，要在冷水中就放入蓮藕，煮的過程不可再加水，以大火煮滾後轉中小火慢慢煮，蓮藕才能煮得鬆軟，因此第一次倒進鍋裡的水量很重要，不要加太少，以免在熬煮過程中，水量慢慢減少而不夠。

料理二三事

蓮藕的季節，我常加上排骨熬湯。喝了好多年的蓮藕排骨湯。某天，婆婆說她的朋友告知，蓮藕排骨湯中如果加入魷魚同煮，味道更鮮喔！當時覺得怪，不曾聽過這樣的煮法，但是因為愛吃魷魚，索性試看看。

果真，加了魷魚之後，味道更跳、更鮮，沒有違和感，更因為私心喜愛魷魚，所以替它加了不少分。如果你也常煮蓮藕排骨湯，大力推薦，添點魷魚，能喝得到另一種風貌的蓮藕湯。

湯汁甘甜美味，

考生在家也能大啖夜市美食。

蘿蔔排骨酥湯

材料 1人份

- 白蘿蔔1/2小條
- 市售炸好的排骨酥4～5塊
- 香菜適量
- 調味料
  柴魚精適量
  鹽適量

做法

① 白蘿蔔去皮，切成塊狀；炸好的排骨酥先放在電鍋裡加熱。

② 取一湯鍋，倒入適量的水，先以中大火將水煮滾。將白蘿蔔塊放入水中煮，等水再滾後轉中小火，煮至白蘿蔔塊熟透了，加點柴魚精、鹽調味。

③ 將做法①的排骨酥先放進碗裡，再沖淋入做法②，最後撒上一點香菜即可。

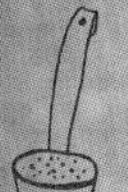

烹調祕訣

因為排骨酥已經先用電鍋加熱，所以食用前先放進碗裡，再沖入湯汁，這樣的湯會比較清澈。

四神湯

材 料 1人份

- 四神適量
（可以請中藥房配好）
- 豬腸1小段

- 調味料
柴魚精適量
鹽適量
米酒少許

做法

① 用筷子撐入豬腸內翻面，撒上鹽，反覆用手抓洗，並以水徹底洗淨。

② 燒一鍋水，水滾後放入豬腸汆燙，撈起瀝乾，洗淨。再另取一深鍋，放入汆燙過的豬腸，倒入蓋過豬腸的水量，加一支蔥、一塊用刀面拍過的薑（份量外），開中大火，煮滾後轉中小火慢慢煮至豬腸軟熟。（可能需要近一小時，視每個人喜愛的口感而定）待涼後，切成小段。

③ 另取一湯鍋，倒入適量的水，先以中大火將水煮滾，放入四神，以中小火熬出味，再加入豬腸，並用柴魚精、鹽調味。

④ 食用前先在碗裡淋入少許米酒，再將做法③沖淋入即可。

烹調祕訣

在碗裡加一點米酒，再將滾燙的湯沖入，沖出酒的香氣，很好喝。

小時候最常喝的補湯，
推薦給考生。

蕃茄半筋半肉湯

材料 1人份

- 蕃茄1/2顆
- 半筋半肉4～5塊
- 高麗菜1～2葉
- 蔥1支
- 調味料
  醬油適量
  鹽適量
  豆瓣醬適量

做法

① 蕃茄去蒂頭，洗淨，切塊；半筋半肉先用一鍋滾水汆燙過，撈起瀝乾；高麗菜葉洗淨，用手剝成適口大小；蔥洗淨，切去根部，切成蔥花。

② 取一湯鍋，稍微倒點油，等油熱，放入蕃茄，以小火稍微翻炒出香氣。倒入適量的水，當水再滾，加入半筋半肉和高麗菜，等再滾後轉中小火，慢慢熬煮至肉熟軟。

③ 加點醬油、豆瓣醬、鹽調味，最後撒上蔥花即可。

烹調祕訣

❶ 如果喜歡高麗菜爽脆的口感，可以在肉煮到熟軟後再加入高麗菜，且不要煮太久。

❷ **電鍋也能做**：在做法②中加入半筋半肉、高麗菜再煮滾後，移入電鍋的內鍋，外鍋倒進2杯水，蓋上鍋蓋，按下開關，等開關跳起後再燜約5分鐘。如果覺得半筋半肉不夠熟軟，則外鍋再加1杯水，煮至食材都熟軟。打開鍋蓋後加點醬油、豆瓣醬、鹽調味，最後撒上蔥花即可。

讀書讀到餓了的夜晚，
就用半筋半肉填飽肚子。

溫潤的口感，
讓考生一夜好眠。

洋蔥牛尾湯

材料 1人份

- 牛尾4～5塊
- 洋蔥1/2顆
- 奶油塊少許
- 香菜少許
- 麵粉少許
- 調味料
  鹽適量
  胡椒粉少許

做法

① 牛尾洗淨，擦乾，切成塊狀，兩面抹點鹽、胡椒粉，再拍上一點麵粉；洋蔥去皮，洗淨，切絲；香菜切去根部，洗淨，切段。

② 起油鍋，先放入牛尾煎至兩面呈金黃色，取出。

③ 原鍋內放入洋蔥、奶油塊，以小火慢炒至洋蔥軟化，再放進牛尾，加入適量的水，轉中大火煮滾後轉中小火，慢熬半小時以上至牛尾熟軟。

④ 加點鹽、胡椒粉調味，最後撒上香菜即可。

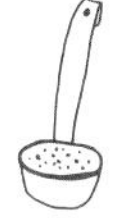

烹調祕訣

電鍋也能做：在做法③中加入牛尾和水再煮滾後，移入電鍋的內鍋，外鍋倒進2.5杯水，蓋上鍋蓋，按下開關，等開關跳起後再燜約5分鐘。如果覺得牛尾不夠熟軟，則外鍋再加1杯水，煮至牛尾夠熟軟。打開鍋蓋後加點鹽、胡椒粉調味，並撒上香菜即可。

料理二三事

偶爾能在西餐廳喝到牛尾湯，總被那溫暖的湯頭吸引。某次，在常消費的肉舖看到剁成塊狀的牛尾，也不管是否煮過，就先拿了一包結帳。

回家後，慢慢搜尋網路上大家的做法，再用自己一貫的「簡易法」，幾個步驟搞定一鍋牛尾湯。兒子放學回到家，慢慢享用後，倒也覺得味道有那麼幾分像，頓時還有上西餐廳的感覺。遇上天氣較冷的夜晚，我會選擇端出這道湯，為考生補補身。

羊肉爐

材料 1人份

- 羊肉爐中藥包1包
- 羊肉塊4～5塊
- 炸過的豆皮3～4片
- 大白菜2～3葉
- 薑1小塊
- 黑麻油少許
- 枸杞少許
- 調味料
  豆瓣醬適量
  醬油適量

做法

① 羊肉塊以一鍋滾水汆燙過，沖洗瀝乾；大白菜洗淨，用手剝成適口大小；薑洗淨，去皮，切成片；枸杞先用水泡軟。

② 取一湯鍋，倒點黑麻油，先放入薑片，以小火慢慢將薑片炒至焦黃。

③ 在做法②中放入羊肉塊，炒至肉塊有點金黃，倒入適量的水，加入中藥包、豆皮和大白菜，等水滾後轉中小火，慢慢熬煮至羊肉熟軟。

④ 加點豆瓣醬、醬油，最後撒上點枸杞即可。

烹調祕訣

羊肉爐中藥包可以到中藥房購買，向店家說明需要的份量，老闆會依照比例搭配。

心得分享四

我家孩子也這樣吃！

孩子考試前，跟著暖心媽咪玉瑩
堅持著「每日一湯品」。

媽媽的愛心湯

by 小書媽

和玉瑩認識多年，雖然是工作上的朋友，但是因為我們各自的小孩年齡差不多，也都在踢足球，因此比一般同事們更有話聊。她是一位非常熱心的媽媽，從她兩位小孩唸小學時，就是學校裡「愛心媽媽」的要角，經常穿梭在學校各角落，更常跟著教練帶著學校足球隊南征北討，在球場裡聲嘶力竭為孩子們加油外，更用著專業攝影器材，拍攝孩子們場上踢球的英姿。因此除了她自己的兩個小孩，足球隊裡的小朋友們也都跟著叫她「玉瑩媽媽」。

玉瑩不僅拍得一手好照片，更煲得一手好湯。會知道她有這好手藝，是因為我們兩個都幫孩子們帶便當，經常看她在臉書裡po出便當菜色，甚至後來還在臉書裡創了「煮飯婆」的社團，色香味俱全的各種菜色，常是我便當菜的好選擇。後來孩子們逐漸長大，開始披星戴月的「會考」與「學測」歲月，我發現玉瑩經常煲湯，不僅餵飽孩子們的五臟廟，同時也增加他們的免疫力，有更多體力扛過這段水深火熱的日子。

我也曾在孩子恐怖的高三生涯裡，試過玉瑩分享的肉骨茶湯、蒜頭雞湯等看起來平凡，隨處可見的湯品，但是她的湯品做出來，就是特別的有味道。我想，這是因為湯裡加了「媽媽的愛心」吧！玉瑩在這本書裡分享了數十道湯品，雖然名為「考生加油湯」，但是平常也很適合煮來吃。利用隨手可得的食材、適量的調味，加上滿滿的愛心，讓每一道湯品都色香味俱全，除了滿滿的營養，也將媽媽對孩子的關懷，注入在一口口的美味裡。

PART 4 肚子餓時吃這個

成長期的孩子食量大，在不同湯品中加點米煮成粥，或是加入麵條、水餃，就能墊墊考生的胃，讓考生一夜好眠。

把懷舊的好滋味，
傳承給下一代。

古早味油麵

材料 1人份

- 香菇1～2朵
- 豬肉絲1小撮
- 高麗菜2～3葉
- 紅蘿蔔1小塊
- 油麵1人份
- 金針菇1小撮
- 調味料
  醬油適量
  白胡椒粉少許
  鹽適量
  黑醋適量
  油蔥少許

做法

①香菇用水泡軟，洗淨，切絲；高麗菜葉洗淨，切小片；紅蘿蔔去皮，洗淨，切小段；金針菇切掉底部後洗淨，切段。

②起油鍋，先放入香菇，以小火炒香。再放入豬肉絲炒至半熟，沿著鍋邊淋點醬油、撒點白胡椒粉，炒香。

③續入高麗菜、紅蘿蔔炒軟，再加入金針菇炒，並加入適量的水，改轉中大火。

④等水滾後加進油麵，等再煮滾後加點鹽、醬油、黑醋、白胡椒粉和油蔥即可。

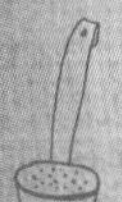

烹調祕訣

油麵和黑醋很對味，不論煮湯或是乾拌，加點黑醋，就很好吃。

鹹稀飯

材 料 1人份

- 白米1杯
- 水6杯（喜歡吃稀一點的，水可多一些）
- 發泡魷魚1/4條
- 蚵仔4～5顆
- 瘦肉絲1小撮
- 乾香菇1～2朵
- 蝦米1小把
- 芹菜1支
- 韭菜1小把
- 調味料
  醬油適量
  柴魚精適量
  鹽適量
  白胡椒粉少許

做法

① 白米洗淨，瀝乾1小時；魷魚洗淨，切絲；蚵仔放在碗裡，加點鹽，用手輕輕抓洗，再用水洗淨，瀝乾；乾香菇用水泡軟，切絲；蝦米用水泡軟；芹菜切去根部，摘除葉子，洗淨，切末；韭菜切去根部，洗淨，切末。

② 起油鍋，先放進蝦米、香菇絲，以小火炒至有香氣，從旁邊淋上一點醬油，再倒入適量的水。

③ 當水滾了，加進白米，煮滾後轉中小火慢慢熬煮至白米快煮開，快成稀飯時，加入魷魚絲滾一會兒，倒入柴魚精、鹽調味。

④ 在做法③中加入蚵仔和瘦肉絲，一滾即可關火。最後加進芹菜末、韭菜末，並撒上白胡椒粉即可。

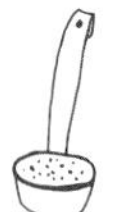

烹調祕訣

煮稀飯時，白米先洗淨瀝乾1小時，讓米粒飽含水分，會比較好煮，能縮短煮的時間。

料理二三事

娘家就在大廟旁，每年一次神明繞境，是我最引頸期待的事。除了有各式熱鬧的陣頭可以看，還有鄰里間阿姨們互相幫忙，出錢出力，煮出一鍋又一鍋令人垂涎欲滴的鹹稀飯，供繞境的人們出發前享用。

每年看見這些阿姨們又開始忙著採買食材，我就開始等待，因為年紀小，每每湊近一鍋鍋鹹稀飯前好奇觀看，大人們都會趕緊盛上一碗，端給我。孩子出生，稍長後，曾帶他們參加繞境，只可惜已經沒有阿姨們煮的鹹稀飯了。但我還是會偶爾煮上一鍋，同時也把我小時候的懷念轉達給他們。

一碗稀飯，
山珍海味全聚集。

海鮮米粉湯

材料 1人份

- 軟絲1段
- 蝦米1小把
- 紅蘿蔔1小段
- 高麗菜2～3葉
- 魚板1小段
- 乾米粉1人份
- 紅辣椒1支
- 調味料
  醬油適量
  鹽適量
  白胡椒粉適量

做法

① 軟絲洗淨，切條狀；蝦米用水泡軟；紅蘿蔔去皮，洗淨，切條狀；高麗菜洗淨，切成片狀；魚板洗淨，切成片狀；乾米粉先用熱水泡軟，瀝乾；紅辣椒洗淨，切末。

② 取一湯鍋，倒入少許油，放入蝦米和軟絲，以小火炒香，並沿著鍋邊淋入一點醬油，稍微翻炒。

③ 在做法②中倒入適量的水，以中大火將水煮滾，放入紅蘿蔔和高麗菜，煮熟後加入米粉和魚板，並加進醬油、鹽、白胡椒粉調味即可。

烹調祕訣

切點紅辣椒末，加點醬油，一起倒入米粉湯中，辣辣吃，很過癮。

米粉吸收了大海的精華，
讓人直呼過癮。

蚵仔清麵線

材料 1人份

- 蚵仔約10顆
- 麵線1人份
- 油蔥少許
- 蒜綠1小段
- 調味料
  柴魚精適量
  鹽適量

做法

① 將蚵仔放在碗裡，撒點鹽，用手輕輕抓洗，再用水洗淨，瀝乾；麵線先用滾水燙過，瀝乾；蒜綠洗淨，切末。

② 取一湯鍋，倒入適量的水，先以中大火將水煮滾，放入麵線和蚵仔煮熟。

③ 最後加點柴魚精、鹽調味，再撒上油蔥和蒜綠末即可。

烹調祕訣

蚵仔和麵線都易煮熟，不要煮太久，否則蚵仔會縮、麵線會糊。

鮮蝦鍋燒意麵

材料 1人份

- 鮮蝦2尾
- 綠花椰菜1～2朵
- 高麗菜1～2葉
- 鍋燒意麵1人份
- 紅蘿蔔1小段
- 調味料
  柴魚精適量
  鹽適量

做法

① 鮮蝦先用廚房用剪刀剪去鬚腳，並用牙籤在蝦背第二節處挑除腸泥，洗淨；綠花椰菜用刀子削除粗梗，切成小朵，洗淨；紅蘿蔔去皮，洗淨，切小塊。

② 取一湯鍋，倒入適量的水，先以中大火將水煮滾，將所有材料放入，快速煮熟，加點柴魚精、鹽調味即可。

烹調祕訣

這道菜的食材都易煮熟，所以一起加入，同時不要煮太久，才能保持口感。

虱目魚肉粥

材料 1人份

- 虱目魚肉2～3塊
- 白米1杯
- 水6杯（喜歡吃稀一點的，水可多一些）
- 蔥1支
- 油蔥適量
- 調味料
  柴魚精適量
  鹽適量
  白胡椒粉適量

做法

①虱目魚肉沖洗乾淨，切成塊狀；白米洗淨，瀝乾1小時；蔥切去根部，洗淨，切成蔥花。

②取一湯鍋，倒入水，先以中大火將水煮滾。放入白米，轉中火熬煮，快煮成粥時，加入虱目魚肉。

③等魚肉熟了，白米也成粥，加點柴魚精、鹽和白胡椒粉調味，最後撒上蔥花和油蔥即可。

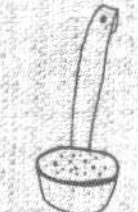

烹調祕訣

虱目魚肉易煮熟，所以等粥快煮好再加進去煮。

挑掉了刺的虱目魚煮成粥，
營養滿分！

什錦麵

材料 1人份

- 白麵條1人份
- 豬肉片5～6片
- 發泡魷魚適量
- 魚板4～8片
- 大陸A菜2～3片
- 調味料
  柴魚精適量
  醬油適量
  鹽適量

做法

①魷魚洗淨，切成長條狀；魚板切成片狀；大陸A菜洗淨，切成片狀。

②取一湯鍋，倒入適量的水，先以中大火將水煮滾。加入白麵條、魷魚，等白麵條煮熟後加入豬肉片、魚板和大陸A菜。

③最後加點柴魚精、醬油和鹽調味即可。

烹調祕訣

煮什錦麵時，任何麵條都可以使用，烏龍麵、陽春麵、拉麵……喜歡吃哪種麵條就加哪一種。

把喜歡的食材加進去，
就是誘人的什錦麵。

菠菜加豬肝，

不僅美味，更是補血首選。

菠菜豬肝麵線

材料 1人份

- 菠菜1小把
- 豬肝1小塊
- 手工麵線1人份
- 豬肝的醃料
  鹽少許
  米酒少許
  白胡椒粉少許
- 調味料
  柴魚精適量
  鹽適量
  醬油適量

做法

① 菠菜切去根部，洗淨，切段；豬肝洗淨，切片，放進碗中，加點鹽、米酒、白胡椒粉，用手輕輕抓醃一下；麵線放在瀝水籃內，直接放在水龍頭底下，開水，一邊用手將麵線剝散沖洗。

② 取一湯鍋，倒入適量的水，水滾後，放入豬肝，等豬肝稍微變色，立刻取出。

③ 另取一湯鍋，加入適量的水，先以中大火將水煮滾，加點柴魚精、鹽、醬油調味，加入麵線煮熟，最後再放入豬肝、菠菜即可。

烹調祕訣

豬肝煮久會柴，事先燙過，煮的時候最後加入，用湯的熱度就能把豬肝催熟。

料理二三事

童年的我易感冒，媽媽常得到學校領我回家。途中，媽媽會先帶我去看醫生，回到家，我只要負責倒頭就睡。很神奇的是，每次睡醒，媽媽就會煮好一鍋菠菜豬肝湯，叫我趁熱喝下。更神奇的是，這一碗喝完，出出汗，感冒似乎就好了一大半。

結婚後，開始忙著柴米油鹽醬醋茶的生活，也才了解，豬肝不是說有就會有，而且不耐久放，通常一兩天內就要吃掉，為什麼媽媽總能這麼厲害地在我感冒時變出這一鍋湯？這是一道最有愛的湯，我添加上麵線，將我的愛繼續再傳給親愛的兒子。

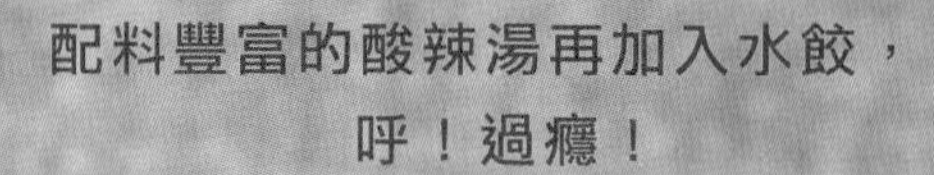

配料豐富的酸辣湯再加入水餃，
呼！過癮！

酸辣湯餃

材料 1人份

- 茭白筍1/2支
- 黑木耳1朵
- 紅蘿蔔1小段
- 豬肉絲1小撮
- 蔥1支
- 市售水餃10顆
- 調味料
  醬油適量
  辣椒醬適量
  黑醋適量
  鹽適量

做法

① 茭白筍去殼，洗淨，切絲；黑木耳去蒂頭，洗淨，切絲；紅蘿蔔削皮，洗淨，切絲；蔥切去根部，洗淨，切成蔥花。

② 燒一鍋水，水滾後放入水餃，將水餃煮至浮起水面，撈出備用。

③ 另取一鍋滾水，放入茭白筍絲、黑木耳絲、紅蘿蔔絲和豬肉絲汆燙，撈起瀝乾備用。

④ 另取一湯鍋，倒入適量的水，先以中大火將水煮滾，放入茭白筍絲、黑木耳絲和紅蘿蔔絲。等水煮滾後轉中小火，加點醬油、辣椒醬、黑醋和鹽，再放入豬肉絲煮熟，最後加入水餃，撒上蔥花即可。

烹調秘訣

因為水餃餡有肉，所以酸辣湯中不加豬肉絲也無妨。

酸菜雞絲冬粉

材料 1人份

- 酸菜1～2片
- 雞胸1副（只取一小部分使用）
- 冬粉1人份
- 紅蘿蔔1小段
- 蔥1支
- 調味料
  鹽適量
  白胡椒粉適量

做法

①酸菜洗淨，擰乾，切小段；雞胸先用一鍋乾淨的滾水煮熟（水先不要倒掉），等涼後用手剝成絲；冬粉先用水泡軟，瀝乾；紅蘿蔔削去皮，洗淨，切條狀；蔥切去根部，洗淨，切成蔥花。

②取一湯鍋，倒入適量的水與一些做法①中煮雞胸的水，先以中大火煮滾。放入酸菜和紅蘿蔔，轉中小火稍微熬煮，再加入適量的雞胸肉絲、冬粉。

③最後加點鹽、白胡椒粉調味，並撒上蔥花即可。

烹調祕訣

❶雞胸一副的量很多，可以先將一整副雞胸煮熟，等涼後剝成絲，視每次用量分成數袋，冷凍保存。這道冬粉中，雞胸肉絲的用量也不多，不用將整副雞胸絲都加入。

❷因為湯裡已經加了燙雞胸的高湯，所以只加一點鹽調味即可。

清爽又飽足的組合，
一碗搞定。

Cook50220

省時簡單！選好食材、免高湯、
少添加調味料，
身體無負擔享用元氣湯品和宵夜

作者｜連玉瑩
攝影｜林宗億
美術｜鄭雅惠
編輯｜彭文怡
校對｜翔縈
企劃統籌｜李橘
總編輯｜莫少閒
出版者｜朱雀文化事業有限公司
地址｜台北市基隆路二段13-1號3樓
電話｜02-2345-3868
傳真｜02-2345-3828
劃撥帳號｜19234566 朱雀文化事業有限公司
e-mail｜redbook@ms26.hinet.net
網址｜http://redbook.com.tw
總經銷｜大和書報圖書股份有限公司
02-8990-2588
ISBN｜978-626-7064-06-1
初版一刷｜2022.03
定價｜350元
出版登記｜北市業字第1403號

國家圖書館出版品預行編目

給考生的加油湯：省時簡單！選好食材、免高湯、少添加調味料，身體無負擔享用元氣湯品和宵夜／連玉瑩著.初版.台北市：朱雀文化，2022.03
面：公分（Cook50：220）
ISBN 978-626-7064-06-1（平裝）
1.食譜 2.中國 427.1

About買書：

●實體書店：北中南各書店及誠品、金石堂、何嘉仁等連鎖書店均有販售。建議直接以書名或作者名，請書店店員幫忙尋找書籍及訂購。

●●網路購書：至朱雀文化網站購書可享 85 折起優惠，博客來、讀冊、PCHOME、MOMO、誠品、金石堂等網路平台亦均有販售。

●●●郵局劃撥：請至郵局窗口辦理（戶名：朱雀文化事業有限公司，帳號：19234566），掛號寄書不加郵資，4本以下無折扣，5～9 本95折，10本以上9折優惠。